消除人声制作伴奏　　　　　　制作弹幕效果　　　　　　　　科球灯效果

制作定格出场效果　　　　　　制作机场广播效果　　　　　　制作胶片循环动画

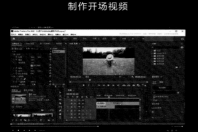

制作开场视频　　　　　　　　制作拍照效果　　　　　　　　制作趣味开场动画

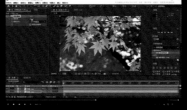

制作闪屏效果　　　　　　　　制作视频分屏效果　　　　　　制作视频开屏效果

制作视频逐渐显色的效果　　　制作图像从模糊到清晰的效果　制作唯美短视频效果

制作我的第一个视频作品　　　制作新闻联播效果　　　　　　制作影片字幕效果

制作我的第一个视频作品1

制作我的第一个视频作品2

制作影片字幕效果1

制作影片字幕效果2

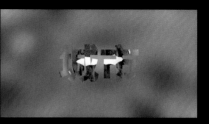

制作文本遮罩开场效果1

制作文本遮罩开场效果2

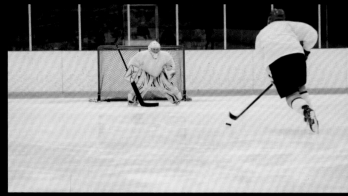

制作拍照效果1

制作拍照效果2

制作拍照效果3

制作弹幕效果1

制作弹幕效果2

制作定格出场效果1

制作定格出场效果2

制作定格出场效果3

清 华 电 脑 学 堂

影视编辑与后期制作 标准教程

Premiere + After Effects + Audition 微课视频版

魏砚雨 杨晓笛 ◎编著

清華大学出版社
北 京

内 容 简 介

本书以影视编辑与后期制作为写作中心，以实际应用为指导思想，用通俗易懂的语言对Premiere、After Effects以及Audition等影视后期制作软件的应用技能进行详细介绍。

本书共10章，内容涵盖Premiere视频剪辑入门、视频剪辑基本操作、视频字幕效果制作、转场及视频效果、影视作品中音频的简单处理、After Effects视频特效入门、视频动效的创建、蒙版与抠像、常见视频效果的应用，以及数字音频编辑技术的应用等。在正文讲解过程中，安排了"动手练"专题，以做到"理论+实操"有机结合。第1～9章结尾安排了"综合实战""新手答疑"板块，以达到温故知新、举一反三的目的。

本书结构编排合理，所选案例贴合实际需求，可操作性强，案例讲解详细，图文并茂，即学即用。本书不仅适合高等院校专业的师生使用，还适合作为社会培训机构的指定教材，更是影视后期制作爱好者、视频博主、办公人员等不可多得的"自学宝典"。

图书在版编目（CIP）数据

影视编辑与后期制作标准教程：Premiere+After Effects+Audition：微课视频版 / 魏砚雨, 杨晓笛编著.
北京：清华大学出版社, 2024. 7. -- (清华电脑学堂).
ISBN 978-7-302-66553-3

Ⅰ. TP317.53；TP391.413；J618.9

中国国家版本馆CIP数据核字第2024H7G695号

责任编辑：袁金敏
封面设计：阿南若
责任校对：徐俊伟
责任印制：刘　菲

出版发行：清华大学出版社
　　　　　网　　　址：https://www.tup.com.cn，https://www.wqxuetang.com
　　　　　地　　　址：北京清华大学学研大厦A座　　　邮　　编：100084
　　　　　社 总 机：010-83470000　　　　　　　邮　　购：010-62786544
　　　　　投稿与读者服务：010-62776969，c-service@tup.tsinghua.edu.cn
　　　　　质 量 反 馈：010-62772015，zhiliang@tup.tsinghua.edu.cn
　　　　　课 件 下 载：https://www.tup.com.cn，010-83470236
印 装 者：大厂回族自治县彩虹印刷有限公司
经　　销：全国新华书店
开　　本：185mm×260mm　　**印　　张**：14.25　　**插　　页**：2　　**字　　数**：355千字
版　　次：2024年7月第1版　　　　　　　　　**印　　次**：2024年7月第1次印刷
定　　价：59.80元

产品编号：106556-01

前　言

首先，感谢您选择并阅读本书。

在数字媒体和内容创作的时代，后期制作不仅是电影、电视制作的重要环节，也是广告、短视频和个人创作等多个领域的关键技艺。因此，掌握这些技能，对于追求专业水准的创作者来说至关重要。本书旨在提供一套全面、系统的学习框架，帮助读者从基础到应用逐步学习Premiere、After Effects和Audition这三款业界领先的后期制作软件。

这是一本为希望深入学习和掌握数字视频编辑、视频特效制作及音频处理的读者精心准备的综合性教程。书中内容理论与实践相结合，每章均安排了丰富的案例，让读者在实际操作中体验学习。我们鼓励读者通过动手实践来巩固所学，因为在后期制作的世界里，实践经验往往是最佳的"老师"。为了让教程更加贴近实际应用，我们邀请了多位业内资深专家和教师参与编写和审校，确保内容的专业性和时效性。伴随着技术的不断进步，我们也会持续更新和完善教程内容，以帮助读者把握前沿的后期制作技术。

内容概述

本书旨在为初学者提供一个全面的学习平台，让每一个对数字媒体制作感兴趣的人都能迈出坚实的第一步。本书共10章，各章内容见表1。

表1

章序	内容
第1～5章	主要介绍Premiere视频编辑软件应用技能，包括剪辑的概念与基本术语、软件工作界面、渲染输出项目、剪辑素材的方式、字幕的常见表现形式、字幕的创建与编辑、视频过渡效果、视频特效、音频效果的应用、音频的编辑等内容
第6～9章	主要介绍After Effects后期制作软件应用技能，包括AE功能与界面、必会入门操作、图层的应用、关键帧动画、表达式及语法、文字的创建与编辑、蒙版、抠像与跟踪技术、视频特效、调色特效、仿真粒子特效、光线特效，以及其他视频特效的应用等内容
第10章	主要介绍Audition音频编辑软件应用技能，包括Audition工作界面、项目文件的基本操作、查看音频、控制音频、录制音频、编辑音频、输出音频、噪声的处理，以及典型的音频编辑实操案例等内容

本书特色

本书以理论与实际应用相结合的方式，从易教、易学的角度出发，详细介绍影视后期制作相关软件的基本操作技能，同时也为读者讲解设计思路，让读者掌握分辨好、坏后期的能力，提高读者的鉴赏能力。

- **理论+实操，实用性强**。本书为疑难知识点配备相关的实操案例，使读者在学习过程中能够从实际出发，学以致用。
- **结构合理，全程图解**。本书全程采用图解的方式，让读者能够直观地看到每一步的具体操作。
- **疑难解答，学习无忧**。本书每章最后安排了"新手答疑"板块，主要针对实际工作中一些常见的疑难问题进行解答，让读者能够及时地处理学习或工作中遇到的问题。同时还可举一反三地解决其他类似的问题。

本书的配套素材和教学课件可扫描下面的二维码获取，如果在下载过程中遇到问题，请联系袁老师，邮箱：yuanjm@tup.tsinghua.edu.cn。书中重要的知识点和关键操作均配备高清视频，读者可扫描书中二维码边看边学。

作者在编写过程中虽力求严谨细致，但由于时间与精力有限，书中疏漏之处在所难免。如果读者在阅读过程中有任何疑问，请扫描下面的技术支持二维码，联系相关技术人员解决。教师在教学过程中有任何疑问，请扫描下面的教学支持二维码，联系相关技术人员解决。

配套素材　　　　教学课件　　　　技术支持　　　　教学支持

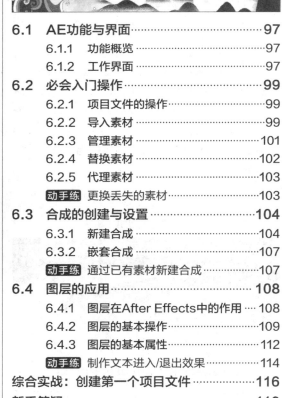

第7章

视频动效的创建

第8章

蒙版与抠像

第9章

常见视频效果的应用

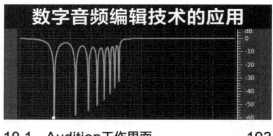

第 **10** 章

数字音频编辑技术的应用

Premiere
After Effects
Audition

Premiere
视频剪辑入门

Premiere是一款专业的非线性音视频编辑软件，它集剪辑、调色、字幕、特效制作、音频处理等多种功能于一体，在影视后期制作领域占据得天独厚的优势。本章将针对Premiere软件的基本应用知识进行介绍。

1.1 什么是剪辑

剪辑是影视作品从素材到成品过程中不可或缺的一步，通过剪辑可以准确鲜明地传达影视作品的主题思想，做到结构严谨、节奏分明，并使作品呈现出独特的风格和强烈的艺术表现力。

1.1.1 剪辑的概念

在影视制作领域，剪辑是指将拍摄完成的大量原始素材进行选择、切割、重组与修饰的过程，通过这一过程，视频编辑者可以提炼出核心内容，调整叙事节奏，创造视听艺术效果。

剪辑的流程一般包括素材收集整理、粗剪、精剪、输出审阅等，如图1-1所示。

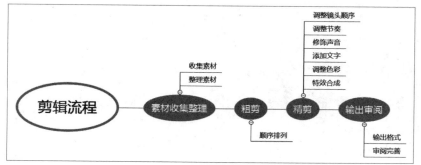

图 1-1

- **素材收集整理**：素材收集整理对后期剪辑操作的帮助非常大，它可以提高剪辑工作的效率和影片的质量，同时在整理过程中还可以及时发现拍摄素材出现的问题，从而采取措施进行补救。
- **粗剪**：将素材按照故事线或逻辑顺序进行简单排列，形成一个包括内容情节的粗略影片。
- **精剪**：对粗剪素材的进一步加工，包括调整镜头顺序、节奏、修饰声音、添加文字、调整色彩及特效合成等，以确保最终完成的作品叙事流畅、情感表达准确、整体艺术风格和谐统一。
- **输出审阅**：根据不同的目的和应用方向将剪辑完成的作品输出为合适的格式，并进行审阅，以寻找问题或需要改进的地方，进一步完善作品。

1.1.2 剪辑的基本术语

了解剪辑行业中的术语可以帮助用户更好地进行操作，下面对剪辑中的部分常见术语进行介绍。

（1）蒙太奇

蒙太奇源自法语，是一种剪辑理论，在电影艺术中指通过镜头有意识、有逻辑地排列与组合，将不同的镜头片段编辑在一起，从而产生各镜头单独存在时所不具有的含义。蒙太奇具有叙事和表意两大功能，一般可以分为叙事蒙太奇、表现蒙太奇、理性蒙太奇三种类型，这三种类型又可以进一步细分为平行蒙太奇、重复蒙太奇、心理蒙太奇、反射蒙太奇等类型。

（2）转场

转场指段落与段落、场景与场景之间的过渡或转换，是影视艺术中至关重要的组成部分。它服务于整体叙事结构，通过视觉效果或技巧将不同时间和空间的场景衔接起来，保证影片的连贯性和节奏感。

（3）帧

帧是影视动画中最小的时间单位。人们在电视中看到的影视画面其实都是由一系列的单张图片构成的，相邻图片之间的差别很小，这些图片连在一起播放就形成了活动的画面，其中的每一幅画面就是一帧。具有关键状态的帧被称为关键帧，两个状态不同的关键帧之间就形成了动画，关键帧与关键帧之间的变化由软件生成，两个关键帧之间的帧又称为过渡帧。在影视制作中，可以通过添加关键帧制作动态的变化效果。

（4）帧速率

帧速率是指视频播放时每秒刷新的图片的帧数，帧速率越大，播放越流畅。一般来说，电影的帧速率是24帧/秒；PAL制式的电视系统帧速率是25帧/秒；NTSC制式的电视系统帧速率是29.97帧/秒。在影视编辑的过程中，将会根据需要及素材设置帧速率。

（5）画面比例

画面比例即影视作品的宽高比，常见的比例包括4：3（1.33：1）、16：9（1.78：1）、2.35：1（或2.39：1，宽银幕比例）、21：9（超宽屏幕比例）等。

（6）场

场是电视系统中的一个概念，指在隔行扫描方式播放的设备中拆分显示的残缺画面，每一帧画面被隔行扫描分割为两场。场以水平线分割的方式保存帧的内容，在显示时先显示第一个场的交错间隔内容，然后选择第二个场来填充第一个场留下的缝隙，即一帧画面是由两场扫描完成的。隔行扫描视频的每一帧由两个场构成，被称为"上"扫描场和"下"扫描场，或奇场和偶场，这些场依顺序显示在NTSC或PAL制式的监视器上，能够产生高质量的平滑图像。

1.1.3 常用剪辑工具

影视编辑与后期制作是指对拍摄完成的影片或制作的动画进行后期处理的过程，一般包括剪辑、特效制作、合成等步骤，使用到的软件也比较多元，包括平面软件、三维软件、剪辑软件、音频软件等。Premiere与After Effects、Audition、Photoshop等软件相互协同，可以制作出更加具有视觉冲击力的视频作品。

（1）Premiere

Premiere（Pr）是一款专业的非线性音视频编辑软件，它集剪辑、调色、字幕、特效制作、音频处理等多种功能于一体，在影视编辑领域占据得天独厚的优势。

（2）After Effects

After Effects（AE）是一款非线性特效制作视频软件。该软件主要用于合成视频和制作视频特效，结合三维软件和Photoshop软件使用，可以制作出精彩的视觉效果。

（3）Audition

Audition（AD）是一款功能强大、效果出色的多轨录音和音频处理软件，也是非常出色的数字音乐编辑器和MP3制作软件。它专为在影棚、广播设备和后期制作设备方面工作的音频和视频专业人员而设计，可提供先进的音频混合、编辑、控制和效果处理功能。

（4）Photoshop

Photoshop（PS）是专业的图像处理软件。该软件主要处理由像素构成的数字图像。在应用时，用户可以直接将Photoshop软件制作的平面作品导入Premiere软件或After Effects软件，更方便地通过平面作品制作动态效果。

（5）Cinema 4D

Cinema 4D（C4D）是影视后期核心软件之一，主要用于制作三维动画。C4D近几年的技术非常成熟，应用也非常广泛，在演示动画、节目包装等领域都备受重视。在制作视频时，C4D可以和AE无缝衔接，从而应用至Premiere软件中。

（6）剪映

剪映是近几年兴起的移动端视频剪辑软件，在操作上更加便捷、易上手，备受广大人群的喜爱。与Premiere软件相比，剪映的使用场景更加自由，创作者可以随时随地使用手机进行剪辑。但在处理大量素材时，剪映不能非常精细地处理视频素材，在专业程度上也有所不及。

1.2 初识Premiere工具

Premiere软件主要用于剪辑视频、组合和拼接视频片段，使其呈现不一样的光彩，其工作界面包括多种不同的工作区，选择不同的工作区侧重的面板也会有所不同，图1-2所示为选择"效果"工作区时的工作界面。用户可以执行"窗口"|"工作区"命令切换工作区，也可以直接在工作界面中选择不同的工作区进行切换。

图 1-2

工作区中常用面板功能介绍如下。

- **标题栏**：用于显示程序、文件名称及位置。
- **菜单栏**：包括文件、编辑、剪辑、序列、标记、图形、视图、窗口、帮助等菜单选项，每个菜单选项代表一类命令。

- **"效果控件"面板**：用于设置选中素材的视频效果。
- **"源"监视器面板**：用于查看和剪辑原始素材。
- **"项目"面板**：用于素材的存放、导入和管理。
- **"媒体浏览器"面板**：用于查找或浏览硬盘中的媒体素材。
- **"工具"面板**：用于存放可以编辑"时间轴"面板中素材的工具。
- **"时间轴"面板**：用于编辑媒体素材，是Premiere软件中最主要的编辑面板。
- **"音频仪表"面板**：用于显示混合声道输出音量大小。
- **"节目"监视器面板**：用于查看媒体素材编辑合成后的效果，便于用户进行预览及调整。
- **"效果"面板**：用于存放媒体特效效果，包括视频效果、视频过渡、音频效果、音频过渡等。

1.3　Premiere基础操作

在学习Premiere软件之前，首先需要对Premiere的基础操作有所了解，包括如何新建项目与序列、如何添加素材等。

1.3.1　新建项目和序列

使用Premiere软件剪辑素材的第一步是创建项目，项目中存储着与序列和资源有关的信息。序列可以保证输出视频的尺寸与质量，统一视频中用到的多个素材的尺寸。

1. 新建项目

在Premiere软件中，新建项目主要有三种方式。

- 打开Premiere软件后，在"主页"面板中单击"新建项目"按钮。
- 执行"文件"|"新建"|"项目"命令。
- 按Ctrl+Alt+N组合键。

通过这三种方式都可打开"新建项目"对话框，如图1-3所示。在该对话框中设置项目的名称、位置等参数后，单击"确定"按钮即可按照设置新建项目。

2. 新建序列

新建项目后，执行"文件"|"新建"|"序列"命令或按Ctrl+N组合键，打开"新建序列"对话框，如图1-4所示。在该对话框中设置参数后单击"确定"按钮，即可新建序列。

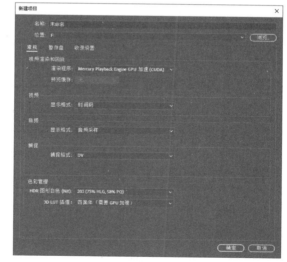

图1-3

在"序列预设"选项卡中，用户可以选择预设好的序列，选择时要根据输出视频的要求选择或自定义合适的序列，若没有特殊要求，也可以根据主要素材的格式进行设置。若没有合适的序列预设，可以切换至"设置"选项卡，自定义序列格式，如图1-5所示。

图 1-4

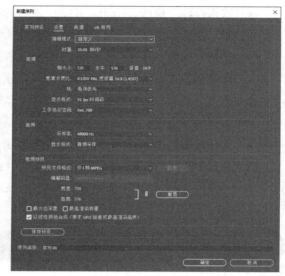

图 1-5

⚠️**注意事项** 创建项目后，用户也可以直接拖曳素材至"时间轴"面板中新建序列，新建的序列与该素材参数一致。

✓**知识点拨** 一个项目文件中可以包括多个序列，每个序列可以采用不同的设置。

3. 保存项目

及时保存项目文件可避免误操作或软件故障导致文件丢失等问题。执行"文件"|"保存"命令或按Ctrl+S组合键，即以新建项目时设置的文件名称及位置保存文件。若想重新设置文件的名称、存储位置等参数，可以执行"文件"|"另存为"命令或按Ctrl+Shift+S组合键，打开"保存项目"对话框进行设置。

制作完项目文件后，若想关闭当前项目，可以执行"文件"|"关闭项目"命令，或按Ctrl+Shift+W组合键。若要关闭所有项目文件，执行"文件"|"关闭所有项目"命令即可。

1.3.2 导入素材

Premiere软件支持导入多种类型和文件格式的素材，包括视频、音频、图像等。本节将针对导入的方式进行介绍。

1. 执行"导入"命令导入素材

执行"文件"|"导入"命令或按Ctrl+I组合键，打开"导入"对话框，如图1-6所示。在该对话框中选中要导入的素材，单击"打开"按钮，即可将选中的素材导入"项目"面板。

用户也可以在"项目"面板空白处右击，在弹出的快捷菜单中执行"导入"命令，或在"项目"面板空白处双击，打开"导入"对话

图 1-6

框，选择需要导入的素材。

2. 通过"媒体浏览器"面板导入素材

在"媒体浏览器"面板中找到要导入的素材文件，右击，在弹出的快捷菜单中执行"导入"命令，即可将选中的素材导入"项目"面板。

3. 直接拖入素材

直接将素材拖曳至"项目"面板或"时间轴"面板中，同样可以导入素材。

1.3.3 素材的新建

素材是使用Premiere软件编辑视频的基础。通过Premiere剪辑视频时，往往需要使用大量的素材。除了导入素材外，用户还可以在Premiere软件中新建素材。在"项目"面板中右击，在弹出的"新建项目"快捷菜单中执行命令，即可新建相应的素材。图1-7所示为"新建项目"快捷菜单。

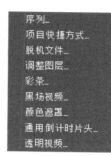

图 1-7

下面对部分常用的新建素材操作进行介绍。

- **调整图层：** 是一个透明的图层。在Premiere软件中，用户可以通过调整图层，将同一效果应用至"时间轴"面板的多个序列上。调整图层会影响图层堆叠顺序中位于其下的所有图层。
- **彩条：** 可以正确反映出各种彩色的亮度、色调和饱和度，帮助用户检验视频通道传输质量。新建的彩条具有音频信息，如果不需要，可以取消素材链接后将其删除。
- **黑场视频：** 此效果可以帮助用户制作转场，使素材间的切换没有那么突兀；也可以制作黑色背景。
- **颜色遮罩：** "颜色遮罩"命令可以创建纯色的颜色遮罩素材。创建颜色遮罩素材后，在"项目"面板中双击素材，还可以在打开的"拾色器"对话框中修改素材颜色。
- **通用倒计时片头：** "通用倒计时片头"命令可以制作常规的倒计时效果。
- **透明视频：** 是类似于"黑场视频""彩条"和"颜色遮罩"的合成剪辑。该视频可以生成自己的图像并保留透明度的效果，如时间码效果或闪电效果。

❶注意事项 新建的素材都将出现在"项目"面板中，将其拖曳至"时间轴"面板中即可应用。

1.3.4 素材的整理

当"项目"面板中存在过多素材时，为了更好地分辨与使用素材，可以对素材进行整理，如将其分组、重命名等。下面对此进行介绍。

1. 新建素材箱

素材箱可以归类整理素材文件，使素材更加有序，也便于用户的查找。

单击"项目"面板下方工具栏中的"新建素材箱"按钮▭，即可在"项目"面板中新建素材箱，此时，素材箱名称处于可编辑状态，用户可以设置素材箱名称后按Enter键应用，如图1-8所示。

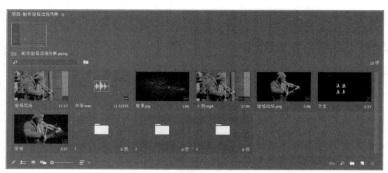

图 1-8

素材箱创建后，选择"项目"面板中的素材，拖曳至素材箱中即可归类素材文件。双击素材箱可以打开"素材箱"面板查看素材。

✅知识点拨 将素材文件拖曳至"新建素材箱"按钮□上，或在"项目"面板中右击，在弹出的快捷菜单中执行"新建素材箱"命令同样可以新建素材箱。

若想删除素材箱，选中后按Delete键或单击"项目"面板下方工具栏中的"清除（回格键）"按钮□即可。素材箱删除后，其中的素材文件也会被删除。

2. 重命名素材

重命名素材可以更精确地识别素材，方便用户的使用。选中"项目"面板中要重新命名的素材，执行"剪辑"|"重命名"命令或单击素材名称，输入新的名称即可，如图1-9和图1-10所示。

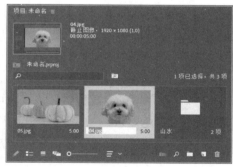
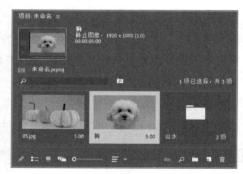

图 1-9　　　　　　　　　　　　图 1-10

选中素材后，按Enter键或右击，在弹出的快捷菜单中执行"重命名"命令，也可使选中素材的名称变为可编辑状态，从而进行修改。

❗注意事项 素材导入"时间轴"面板后，在"项目"面板中修改素材名称，"时间轴"面板中的素材名称不会随之变化。

3. 替换素材

"替换素材"命令可以在替换素材的同时保留添加的效果，从而减少重复性工作。选择"项目"面板中要替换的素材对象，右击，在弹出的快捷菜单中执行"替换素材"命令，打开"替换素材"对话框选择新的素材文件，单击"确定"按钮即可。

4. 失效和启用素材

使素材文件暂时失效可以加速Premiere软件中的操作和预览。在"时间轴"面板中选中素材文件，右击，在弹出的快捷菜单中取消执行"启用"命令，即可使素材失效，此时失效素材的画面效果变为黑色；使用相同的操作执行"启用"命令，即可重新显示素材画面。

5. 编组素材

用户可以将"时间轴"面板中的素材编组，以便于对多个素材进行相同的操作。在"时间轴"面板中选中要编组的多个素材文件，右击，在弹出的快捷菜单中执行"编组"命令，即可将素材文件编组，编组后的文件可以同时选中、移动、添加效果等。

若想取消编组，可以选中编组素材后右击，在弹出的快捷菜单中执行"取消编组"命令。取消素材编组，不会影响已添加的效果。

> ✅ 知识点拨　为编组素材添加视频效果后，选中编组素材，无法在"效果控件"面板中对视频效果进行设置，用户可以按住Alt键在"时间轴"面板中选中单个素材，再在"效果控件"面板中进行设置。

6. 嵌套素材

"编组"命令和"嵌套"命令都可以同时操作多个素材。不同的是编组素材是可逆的，编组只是将其组合为一个整体来进行操作；而嵌套素材是将多个素材或单个素材合成一个序列来进行操作，该操作是不可逆的。

在"时间轴"面板中选中要嵌套的素材文件，右击，在弹出的快捷菜单中执行"嵌套"命令，打开"嵌套序列名称"对话框，设置名称，完成后单击"确定"按钮，即可嵌套素材，如图1-11所示。

嵌套序列在"时间轴"面板中呈绿色显示。用户可以双击嵌套序列进入其内部进行调整，如图1-12所示。

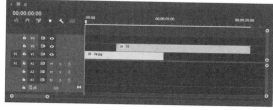

图 1-11

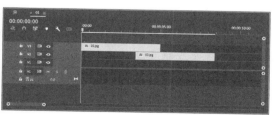

图 1-12

7. 链接媒体

Premiere软件中用到的素材都以链接的形式存放在"项目"面板中，当移动素材位置或删除素材时，可能会导致"项目"面板中的素材缺失，而"链接媒体"命令可以重新链接丢失的素材，使其正常显示。

在"项目"面板中选中脱机素材，右击，在弹出的快捷菜单中执行"链接媒体"命令，打开"链接媒体"对话框，单击"查找"按钮，打开"查找文件"对话框，选中要链接的素材对象，单击"确定"按钮即可重新链接媒体素材。

8. 打包素材

打包素材可以将当前项目中使用的素材打包存储，方便文件移动后的再次操作。使用Premiere软件制作完成视频后，执行"文件"|"项目管理"命令，打开"项目管理器"对话框，如图1-13所示。在该对话框中设置参数后单击"确定"按钮即可打包素材。

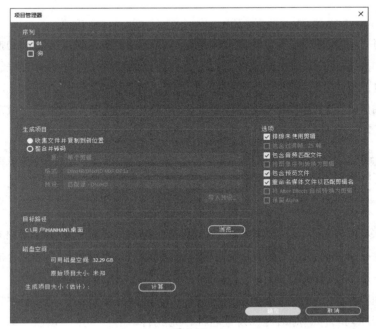

图 1-13

该对话框中部分选项作用如下。

- **序列**：用于选择要打包素材的序列。若要选择的序列包含嵌套序列，需要同时选中嵌套序列。
- **收集文件并复制到新位置**：选中该单选按钮，可以将用于所选序列的素材收集和复制到单个存储位置。
- **整合并转码**：选中该单选按钮，可以整合在所选序列中使用的素材并转码到单个编解码器以供存档。
- **排除未使用剪辑**：勾选该复选框，将不包含或复制未在原始项目中使用的媒体。
- **将图像序列转换为剪辑**：勾选该复选框，可以指定项目管理器将静止图像文件的序列转换为单个视频剪辑。勾选该复选框通常可提高播放性能。
- **重命名媒体文件以匹配剪辑名**：勾选该复选框，可以使用所捕捉剪辑的名称来重命名复制的素材文件。
- **将After Effects合成转换为剪辑**：勾选该复选框，可以将项目中的任何After Effects合成转换为拼合视频剪辑。
- **目标路径**：用于设置保存文件的位置。
- **磁盘空间**：用于显示当前项目文件大小和复制文件或整合文件估计大小之间的对比。单击"计算"按钮可更新估算值。

1.4 渲染输出项目

在使用软件处理完素材后，可以根据需要将其渲染输出，便于后续观看和存储。用户可以选择将素材输出为多种格式，包括常见的视频格式、音频格式、图像格式等，不同格式的素材适用不同的使用需要。下面对项目的渲染输出进行介绍。

1.4.1 渲染预览

渲染预览可以将编辑好的内容进行预处理，从而缓解播放时卡顿的效果。选中要进行渲染的时间段，执行"序列"|"渲染入点到出点的效果"命令或按Enter键，即可进行渲染，渲染后红色的时间轴部分变为绿色。图1-14所示为"时间轴"面板中渲染与未渲染的时间轴对比效果。

图 1-14

1.4.2 项目输出

预处理后就可以准备输出影片，在Premiere软件中，用户可以通过以下两种方式输出影片。

- 执行"文件"|"导出"|"媒体"命令。
- 按Ctrl+M组合键。

通过这两种方式，都可以打开"导出设置"对话框，如图1-15所示。在该对话框中设置音视频参数后单击"导出"按钮即可根据设置输出影片。

图 1-15

"导出设置"对话框中部分常用选项卡作用如下。

- **"源"选项卡**：显示未应用任何导出设置的源视频。在"源"选项卡中，用户可以通过"裁剪输出视频"按钮🔲裁剪源视频，以导出视频的一部分。

- **"输出"选项卡**：预览处理后的效果，还可以通过"源缩放"菜单确定源适合导出视频帧的方式。

- **"导出设置"选项卡**：设置导出影片的格式、路径、名称等参数。

- **"效果"选项卡**：该选项卡中的选项可向导出的媒体添加各种效果。用户可以在"输出"选项卡中查看应用效果后的预览。

- **"视频"选项卡**：用于设置导出视频的视频属性，包括宽度、高度、帧速率等基本参数及比特率等。选择不同的导出格式，视频设置的选项也会有所不同，根据需要自行设置即可。

- **"音频"选项卡**：用于详细设置输出文件的音频属性，包括采样率、声道等基本参数及输出比特率等。不同导出格式的音频设置选项也会有所不同。

- **"多路复用器"选项卡**：该选项卡中的选项可以控制如何将视频和音频数据合并到单个流中，即混合。

- **"字幕"选项卡**：该选项卡中的选项可导出隐藏字幕数据，将视频的音频部分以文本形式显示在电视和其他支持显示隐藏字幕的设备上。

- **"发布"选项卡**：该选项卡中的选项可以将文件上传到各种目标平台。

✅**知识点拨** 在"源"选项卡和"输出"选项卡底部，用户还可以通过"设置入点"◢和"设置出点"按钮◣修剪导出视频的持续时间；也可以通过"源范围"菜单选项设置导出视频的持续时间。

⚛ 综合实战：制作我的第一个视频作品

本案例结合Premiere基础操作、音视频素材的导入等制作一个视频作品，介绍颠倒世界效果的制作。

步骤01 打开Premiere软件，在"主页"面板中单击"新建项目"按钮新建项目，执行"文件"|"导入"命令，打开"导入"对话框选择要导入的素材文件，如图1-16所示。

步骤02 完成后单击"打开"按钮导入选中的素材文件，如图1-17所示。

图 1-16

图 1-17

步骤 03 选中图像素材拖曳至"时间轴"面板，软件将根据素材自动创建序列，如图1-18所示。

步骤 04 选中"时间轴"面板中的素材，在"效果控件"面板中设置其"位置"参数为（960.0,640.0），将其下移，如图1-19所示。

图 1-18

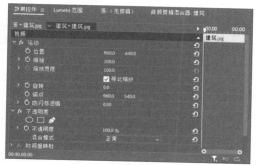

图 1-19

步骤 05 选中"时间轴"面板中的对象，按住Alt键向上拖曳复制至V2轨道上，在"效果控件"面板中设置其"位置"参数为（960.0,540.0），将其上移，如图1-20所示。

步骤 06 在"效果"面板中搜索"垂直翻转"效果拖曳至V2轨道素材上，制造翻转效果，如图1-21所示。

图 1-20

图 1-21

步骤 07 在"效果"面板中搜索"裁剪"效果拖曳至V2轨道素材上，在"效果控件"面板中设置"底部"参数为50%、"羽化边缘"参数为100，效果如图1-22所示。

步骤 08 将音频素材添加至"时间轴"面板A1轨道上，移动播放指示器至00:00:08:00处，使用"剃刀工具"裁切音频素材并删除右侧部分，调整V1、V2轨道素材与音频一致，如图1-23所示。

图 1-22

图 1-23

步骤09 在"效果"面板中搜索"恒定功率"音频过渡效果拖曳至音频素材出点处，如图1-24所示。

步骤10 选中V1、V2轨道素材右击，在弹出的快捷菜单中执行"嵌套"命令，打开"嵌套序列名称"对话框设置参数，如图1-25所示。完成后单击"确定"按钮嵌套素材。

图 1-24   图 1-25

步骤11 移动播放指示器至00:00:00:00处，选中嵌套素材，在"效果控件"面板中单击"缩放"参数左侧的"切换动画"按钮添加关键帧；移动播放指示器至00:00:01:00处，单击"旋转"参数左侧的"切换动画"按钮添加关键帧，如图1-26所示。

步骤12 移动播放指示器至00:00:08:00处，设置"缩放"参数为115.0、"旋转"参数为-5.0°。软件将自动添加关键帧，如图1-27所示。

图 1-26   图 1-27

步骤13 按Enter键在"节目"监视器面板中预览效果，如图1-28所示。

图 1-28

步骤 14 执行"文件"|"导出"|"媒体"命令，打开"导出设置"对话框，设置"格式"为"H.264"，单击"输出名称"右侧的文字，打开"另存为"对话框设置存储路径及名称，在"视频"选项卡中设置"比特率设置"，如图1-29所示。

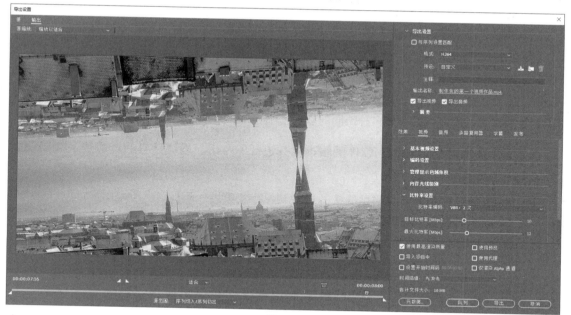

图 1-29

完成后单击"导出"按钮等待进度条完成后即可导出视频。至此完成视频作品的制作。

新手答疑

1. Q: 在影视后期制作中常用的软件有哪些？他们的作用是什么？

　　A: 在影视后期制作的过程中，用户需要根据制作需求选择软件。常见的软件包括Premiere、After Effects、Audition、Cinema 4D等。其中，Premiere软件主要用于对素材进行剪辑；After Effects在制作特效上有着其他软件不可比拟的优势；Audition是一款专业的音频处理软件，主要用于处理音频素材；Cinema 4D常用于三维动画制作及渲染。除了以上软件外，Photoshop、3D max、Flash等软件也是需要了解和学习的部分。在进行影视后期制作时，用户可以选择多种不同的软件搭配使用，以达到效率的最大化。

2. Q: 为什么使用 Premiere 软件剪辑素材并进行保存后，发送到其他计算机上会出现素材缺失的情况？

　　A: Premiere软件中的素材均以链接的形式放置在"项目"面板中，所以用户可以看到大部分Premiere软件保存的文档都很小。若想将其发送至其他计算机上，用户可以打包所用到的素材一并发送，也可以通过"项目管理器"对话框打包素材文件发送，以免有所疏漏。

3. Q: Premiere 软件中各轨道之间是什么关系？

　　A: 在Premiere软件中，用户可以将素材拖曳至"时间轴"面板中的轨道中，即可在"节目"监视器面板中预览效果。其中，V轨道用于放置图像、视频等可见素材，默认有3条；V1轨道在最下方，上层轨道内容可遮挡下层轨道内容，类似于Photoshop软件中的图层；A轨道则用于放置音频音效等素材。

4. Q: 在 Premiere 软件中，如何导入 Photoshop 软件中带有图层的文件？

　　A: 按照Premiere软件常规导入素材的方式操作即可。执行"文件"|"导入"命令或按Ctrl+I组合键打开"导入"对话框，选择要导入的PSD文件，在弹出的"导入分层文件"对话框中选择要导入的图层，完成后单击"确定"按钮即可将选中的图层以"素材箱"的形式导入"项目"面板。

5. Q: 如何创建多机位序列？

　　A: 导入多机位素材后执行"剪辑"|"创建多机位源序列"命令，打开"创建多机位源序列"对话框，在该对话框中选择同步方法同步素材，完成后单击"确定"按钮，将多机位序列添加至"时间轴"面板，在"节目"监视器面板中选择"多机位"选项，切换至多机位模式，即可同时查看所有摄像机的素材，并在摄像机之间切换以选择用于最终序列的素材。

6. Q: Premiere 导出格式选择"GIF"，怎么输出的是序列图像？

　　A: 若想输出GIF动图，在"输出设置"对话框中应选择"动画GIF"格式。

Premiere
After Effects
Audition

第 2 章

视频剪辑
基本操作

剪辑是影视后期制作过程中的重要步骤，决定了最终出片的效果。通过剪辑素材，用户可以确定整个视频的脉络梗概，把握视频方向。本章将结合剪辑工具与剪辑素材的一些操作，介绍视频剪辑的相关操作。

2.1 为什么要使用Premiere进行剪辑操作

Premiere是一款专业级别的非线性视频编辑软件，在影视制作领域，之所以成为了许多专业剪辑师和影视制作公司的首选视频编辑软件，是因为Premiere具有以下优点。

- **行业标准**：Premiere是专业视频编辑的行业标准之一，被广泛应用于电影、电视和网络视频制作中。学会使用它可以提高您的技能，并使您更具市场竞争力。
- **强大的功能**：Premiere提供了非常强大的编辑工具和功能，包括高级色彩校正、音频处理、多摄像机编辑、动态链接以及各种视频效果和转场等，这些都是专业影视制作所必需的。
- **良好的兼容性**：Premiere支持几乎所有的视频格式，无须转换就能导入、编辑和导出多种类型的媒体文件，这在处理多种来源和格式的视频项目时非常有用。
- **无缝集成**：与After Effects、Photoshop、Audition等无缝集成，使得动画、图形设计和音频处理等任务可以在不同的软件之间轻松协作。
- **多平台支持**：无论是在Windows还是macOS系统上，Premiere都提供良好的支持，使用户可以在不同平台之间切换工作。
- **专业输出和分发**：Premiere提供多种输出格式和详细的导出控制，方便专业分发，包括电视播出、电影院放映和网络上传等。

2.2 在"时间轴"面板中剪辑素材

"时间轴"面板是剪辑操作的核心部分，可以完成大部分的剪辑操作。用户既可以使用工具在"时间轴"面板中进行剪辑，也可以通过菜单命令编辑素材。本节将对此进行介绍。

2.2.1 常用剪辑工具

素材的处理是影视后期制作中一个非常重要的过程，用户可以通过剪辑将素材进行融合，制作出创意视频效果。在Premiere软件中包括多种用于剪辑的工具，用户可以在"工具"面板中找到这些工具，如图2-1所示。下面针对这些剪辑工具进行介绍。

图 2-1

（1）选择工具

"选择工具" ▶可以在"时间轴"面板中的轨道上选中素材并进行调整。按住Alt键可以单独选中链接素材的音频或视频部分。若想选中多个不连续的素材，可以按住Shift键单击要选中的素材；若想选中多个连续的素材，可以选择"选择工具" ▶后按住鼠标左键拖动，框选要选中的素材。按住Shift键再次单击选中的素材，可将其取消选择。

（2）选择轨道工具

选择轨道工具包括"向前选择轨道工具" ▶▶和"向后选择轨道工具" ◀◀两种。该类型工具可以选择当前位置箭头方向一侧的所有素材。

（3）波纹编辑工具

"波纹编辑工具" ◀▶可以改变"时间轴"面板中素材的出点或入点，且保持相邻素材间不出现间隙。选择"波纹编辑工具" ◀▶，移动至两个相邻素材之间，当光标变为 状或 状时，按住鼠标左键拖动即可修改素材的出点或入点位置，调整后相邻的素材会自动补位上前。

（4）滚动编辑工具

"滚动编辑工具" 班可以改变一个剪辑的入点和与之相邻剪辑的出点，且保持影片总长度不变。选择"滚动编辑工具" 班，移动至两个素材片段之间，当光标变为 状时，按住鼠标左键拖动即可调整相邻素材的长度。

（5）比率拉伸工具

"比率拉伸工具" 可以改变素材的速度和持续时间，且保持素材的出点和入点不变。选中"比率拉伸工具" ，移动光标至"时间轴"面板中某段素材的开始或结尾处，当光标变为 状时，按住鼠标左键拖动即可改变素材片段长度。其中缩短素材片段长度时，素材播放速度加快；延长素材片段长度时，素材播放速度变慢。

（6）剃刀工具

"剃刀工具" 可以将一个素材片段剪切为两个或多个素材片段，从而方便用户分别进行编辑。选中"剃刀工具" ，在"时间轴"面板中要剪切的素材上单击，即可在单击位置将素材剪切为两段。若想在当前位置剪切多个轨道中的素材，可以按住Shift键单击，即可剪切当前位置所有轨道中的素材。

（7）内滑工具

"内滑工具" 可以将"时间轴"面板中的某个素材片段向左或向右移动，同时改变其相邻片段的出点和后一相邻片段的入点，三个素材片段的总持续时间及在"时间轴"面板中的位置保持不变。

（8）外滑工具

"外滑工具" 可以同时更改"时间轴"面板中某个素材片段的入点和出点，并保持片段长度不变，相邻片段的出入点及长度也不变。

✅知识点拨　在"时间轴"面板中单击"对齐"按钮 ，当"剃刀工具" 靠近时间标记 或其他素材入点、出点时，剪切点会自动移动至时间标记或入点、出点所在处，单击后即可从该处剪切素材。

2.2.2　调整素材持续时间

在Premiere软件中，除了使用"比率拉伸工具" 改变素材的速度和持续时间外，用户还可以通过"剪辑速度/持续时间"对话框更加精准地设置素材的速度和持续时间。在"时间轴"面板中选中要调整速度的素材片段，右击，在弹出的快捷菜单中执行"速度/持续时间"命令，打开"剪辑速度/持续时间"对话框，如图2-2所示。在该对话框中设置参数后单击"确定"按钮即可应用设置。

"剪辑速度/持续时间"对话框中各选项作用如下。

图2-2

- **速度**：用于调整素材片段播放速度。大于100%为加速播放，小于100%为减速播放，等于100%为正常速度播放。
- **持续时间**：用于设置素材片段的持续时间。
- **倒放速度**：勾选该复选框后，素材将反向播放。
- **保持音频音调**：当改变音频素材的持续时间时，勾选该复选框可保证音频音调不变。
- **波纹编辑，移动尾部剪辑**：勾选该复选框后，片段加速导致的缝隙处将被自动填补。
- **时间插值**：用于设置调整素材速度后如何填补空缺帧，包括帧采样、帧混合和光流法三个选项。其中，帧采样可根据需要重复或删除帧，以达到所需的速度；帧混合可根据需要重复帧并混合帧，以辅助提升动作的流畅度；光流法是软件分析上下帧并生成新的帧，在效果上更加流畅美观。

⊘ 注意事项 用户也可以在"项目"面板中调整素材的速度和持续时间。选中素材后，右击，在弹出的快捷菜单中执行"速度/持续时间"命令，打开"剪辑速度/持续时间"对话框进行设置即可。在"项目"面板中调整素材的速度和持续时间不影响"时间轴"面板中已添加的素材。

2.2.3　帧定格

帧定格可以将素材片段中的某帧静止，该帧之后的帧均以静帧的方式显示。在Premiere软件中，用户可以执行"添加帧定格"命令或"插入帧定格分段"命令使帧定格。

1. 添加帧定格

"添加帧定格"命令可以冻结当前帧，类似于将其作为静止图像导入。在"时间轴"面板中选中要添加帧定格的素材片段，移动时间线至要冻结的帧，右击，在弹出的快捷菜单中执行"添加帧定格"命令，即可将之后的内容定格，如图2-3所示。帧定格部分在名称或颜色上没有任何变化。

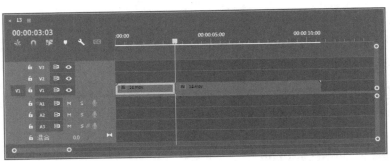

图 2-3

用户也可以选择素材片段后，执行"剪辑"|"视频选项"|"添加帧定格"命令，将当前帧及之后的帧冻结。

2. 插入帧定格分段

"插入帧定格分段"命令可以在当前时间线位置将素材片段拆分，并插入一个2s的冻结帧。在"时间轴"面板中选中要添加帧定格的素材片段，移动时间线至插入帧定格分段的帧，右击，在弹出的快捷菜单中执行"插入帧定格分段"命令，即可插入2s的冻结帧，如图2-4所示。

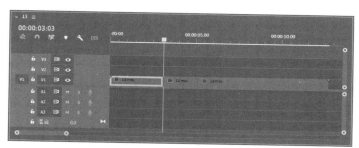

图 2-4

同样，用户也可以选择素材片段后，执行"剪辑"|"视频选项"|"插入帧定格分段"命令，插入冻结帧。

2.2.4　复制/粘贴素材

在"时间轴"面板中，若想复制现有的素材，可以通过快捷键或相应的命令来实现。选中要复制的素材，按Ctrl+C组合键复制，移动时间线至要粘贴的位置，按Ctrl+V组合键粘贴即可。此时，时间线后面的素材将被覆盖，如图2-5和图2-6所示。

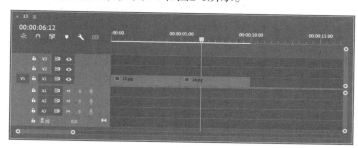

图 2-5

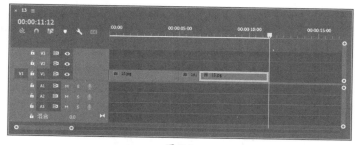

图 2-6

用户也可以按Ctrl+Shift+V组合键粘贴插入，此时时间线所在处的素材将被剪切为两段，时间线后面的素材向后移动。

2.2.5　删除素材

在"时间轴"面板，用户可以通过执行"清除"命令或"波纹删除"命令删除素材。这两种方法的不同之处在于，"清除"命令删除素材后，轨道中会留下该素材的空位；而"波纹删除"命令删除素材后，后面的素材会自动补位上前。

1."清除"命令

选中要删除的素材文件，执行"编辑"|"清除"命令或按Delete键，即可删除素材，如图2-7所示。

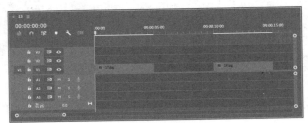

图 2-7

2."波纹删除"命令

选中要删除的素材文件，执行"编辑"|"波纹删除"命令或按Shift+Delete组合键，即可删除素材并使后一段素材自动前移，如图2-8所示。

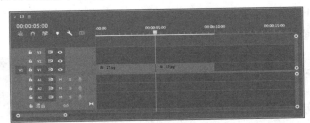

图 2-8

2.2.6 分离/链接音视频素材

在"时间轴"面板中编辑素材时，部分素材带有音频信息，若想单独对音频信息或视频信息进行编辑，可以选择将其分离。分离后的音视频素材可以重新链接。

选中要解除链接的音视频素材，右击，在弹出的快捷菜单中执行"取消链接"命令，即可将其分离，分离后可单独选择，如图2-9所示。

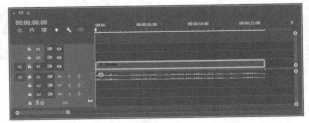

图 2-9

若想重新链接音视频素材，选中后右击，在弹出的快捷菜单中执行"链接"命令即可。

 动手练 制作闪屏效果

在视频片头部分或者回忆部分，常常可以看到一些闪屏效果的片段。通过添加闪屏效果，可以使视频更加酷炫，增加视频的吸引力。下面结合"剃刀工具" ◊ 等工具的应用，介绍闪屏效果的制作方法。

步骤 **01** 新建项目，在"项目"面板空白处双击打开"导入"对话框，选择本章素材文件"跳舞.mp4"和"散步.mp4"，单击"打开"按钮，导入本章素材文件。选择"跳舞.mp4"素材，将其拖曳至"时间轴"面板，软件将自动以该素材的格式创建序列，如图2-10所示。

步骤 **02** 在"时间轴"面板中选择"跳舞.mp4"素材，右击，在弹出的快捷菜单中执行"取消链接"命令，取消音视频链接，并删除音频素材，如图2-11所示。

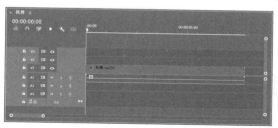

图 2-10

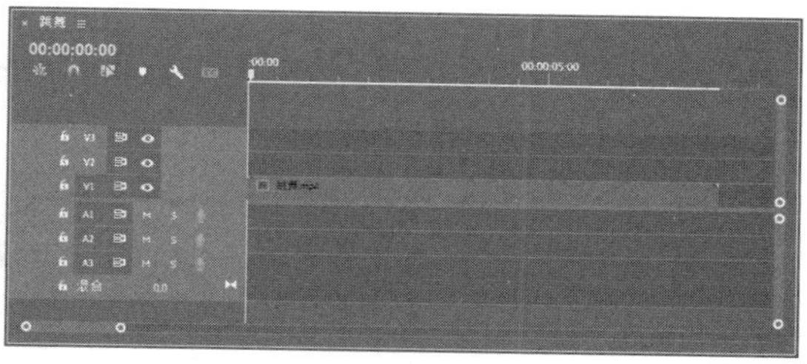

图 2-11

步骤 **03** 在"项目"面板中选择"散步.mp4"素材，拖曳至"时间轴"面板中的V2轨道中，取消音视频链接，删除音频素材，如图2-12所示。

步骤 **04** 移动时间线至00:00:04:00处，选择"工具"面板中的"剃刀工具" ，在"时间轴"面板中V2轨道素材时间线所在处单击，将素材剪切为两段。移动时间线至00:00:05:10处，使用"剃刀工具" 再次在V2轨道素材时间线所在处单击，将素材剪切为两段，如图2-13所示。

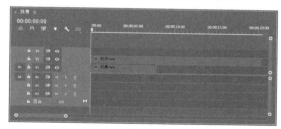

图 2-12

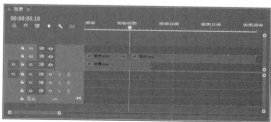

图 2-13

步骤 **05** 选择第1段和第3段素材，按Delete键删除，如图2-14所示。

步骤 **06** 移动时间线至00:00:04:00处，按键盘上的→方向键向右移动一帧，使用"剃刀工具" 在V2轨道素材时间线所在处单击，将其裁切为两段，如图2-15所示。

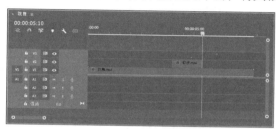

图 2-14

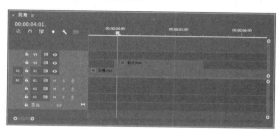

图 2-15

步骤 **07** 重复操作，直至V2轨道素材的最后一帧，如图2-16所示。

步骤 **08** 选择第2个、第4个……第34个剪切后的片段，按Delete键删除，如图2-17所示。

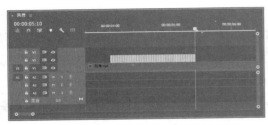

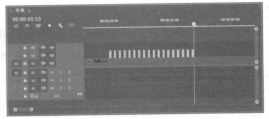

| 图 2-16 | 图 2-17 |

步骤 09 至此，完成闪屏效果的制作。移动时间线至初始位置，按空格键播放即可观看效果，如图2-18所示。

图 2-18

> **⚠ 注意事项** 在制作闪屏效果时，用户可以设置上层轨道素材较短的持续时间，以免闪屏过多影响观看体验。

2.3 在监视器面板中编辑素材

除了通过剪辑工具和"时间轴"面板剪辑素材外，用户还可以在监视器面板中对素材进行调整，以得到需要的素材片段。Premiere软件中包括两种监视器面板："源"监视器面板和"节目"监视器面板。其中，"源"监视器面板可播放各素材片段，对"项目"面板中的素材进行设置；"节目"监视器面板可播放"时间轴"面板中的素材，对最终输出视频效果进行预览。

2.3.1 "节目"监视器面板

"节目"监视器面板中可以预览"时间轴"面板中素材播放的效果，方便用户进行检查和修改。图2-19所示为"节目"监视器面板。

该面板中部分选项作用介绍如下。

- **选择缩放级别** 适合 ：用于选择合适的缩放级别放大或缩小视图，以适用监视器的可用查看区域。
- **设置** ：单击该按钮，可在弹出的快捷菜单中执行命令，如设置分辨率、参考线等。

图 2-19

- **添加标记□**：单击该按钮将在当前位置添加一个标记。标记可以提供简单的视觉参考。用户也可以按M键添加标记。
- **标记入点 **：用于定义编辑素材的起始位置。
- **标记出点 **：用于定义编辑素材的结束位置。
- **转到入点 **：将时间线快速移动至入点处。
- **后退一帧（左侧）**：用于将时间线向左移动一帧。
- **播放–停止切换 **：用于播放或停止播放。
- **前进一帧（右侧）**：用于将时间线向右移动一帧。
- **转到出点 **：将时间线快速移动至出点处。
- **提升 **：单击该按钮，将删除目标轨道（蓝色高亮轨道）中出入点之间的素材片段，对前、后素材以及其他轨道上的素材位置都不产生影响。
- **提取 **：单击该按钮，将删除"时间轴"面板中位于入出点之间的所有轨道中的片段，并将后方素材前移。
- **导出帧 **：用于将当前帧导出为静态图像。单击该按钮将打开"导出帧"对话框，从中勾选"导入到项目中"复选框可将图像导入"项目"面板。
- **按钮编辑器 **：单击该按钮，可以打开"按钮编辑器"，自定义"节目"监视器面板中的按钮。

2.3.2 "源"监视器面板

"源"监视器面板和"节目"监视器面板非常相似，只是在功能上有所不同。在"项目"面板中双击要编辑的素材，即可在"源"监视器面板中打开该素材，如图2-20所示。

图 2-20

该面板中部分选项作用如下：
- **仅拖动视频□**：按住该按钮拖曳至"时间轴"面板中的轨道上，可以仅将调整的素材片段的视频部分放置在"时间轴"面板中。
- **仅拖动音频 **：按住该按钮拖曳至"时间轴"面板中的轨道上，可以仅将调整的素材片段的音频部分放置在"时间轴"面板中。

- **插入** ：单击该按钮，当前选中的素材将插入至时间标记后原有的素材中间。
- **覆盖** ：单击该按钮，插入的素材将覆盖时间标记后原有的素材。
- **按钮编辑器** ：单击该按钮，可以打开"按钮编辑器"，自定义"源"监视器面板中的按钮。

动手练 制作拍照效果

在展示照片时，常用到的一种方法是定格拍照效果。通过制作拍照效果，给观众带来沉浸式的体验。下面结合帧定格等知识，介绍拍照效果的制作方法。

步骤01 新建项目和序列，并导入本章素材文件"冰球.mp4"和"快门.wav"，如图2-21所示。

步骤02 选择"冰球.mp4"素材，将其拖曳至"时间轴"面板中的V1轨道上，在打开的"剪辑不匹配警告"对话框中单击"保持现有设置"按钮，效果如图2-22所示。

图 2-21　　　　　　　　　　　　图 2-22

步骤03 移动时间线至00:00:04:24处，使用"剃刀工具" 在时间线处单击，剪切素材，并删除右半部分，效果如图2-23所示。

步骤04 选择"时间轴"面板中的素材，右击，在弹出的快捷菜单中执行"缩放为帧大小"命令，调整素材视频帧大小，效果如图2-24所示。

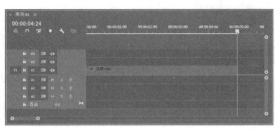

图 2-23　　　　　　　　　　　　图 2-24

步骤05 在"时间轴"面板中移动时间线至00:00:02:02处，右击，在弹出的快捷菜单中执行"添加帧定格"命令，将当前帧作为静止图像导入，如图2-25所示。

步骤06 选中V1轨道中的第2段素材，按住Alt键向上拖曳，复制该素材，如2-26所示。

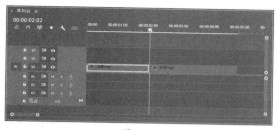
图 2-25

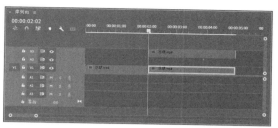
图 2-26

步骤 07 在"效果"面板中搜索"高斯模糊"视频效果，将其拖曳至V1轨道第2段素材上，在"效果控件"面板中设置"模糊度"为60.0，并勾选"重复边缘像素"复选框，如图2-27所示。隐藏V3轨道素材，在"节目"监视器面板中预览效果如图2-28所示。

图 2-27

图 2-28

步骤 08 打开"基本图形"面板，在"编辑"选项卡中单击"新建图层"按钮，在弹出的快捷菜单中执行"矩形"命令，新建矩形图层，在"基本图形"面板中设置矩形参数，如图2-29所示。在"节目"监视器面板中设置缩放级别为25%，调整矩形大小，如图2-30所示。

步骤 09 在"节目"监视器面板中设置缩放级别为"适合"，在"时间轴"面板中使用"选择工具"在V2轨道素材末端拖曳，调整其持续时间，如图2-31所示。

图 2-29

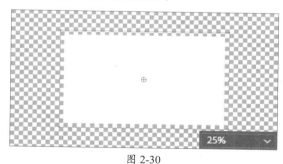
图 2-30

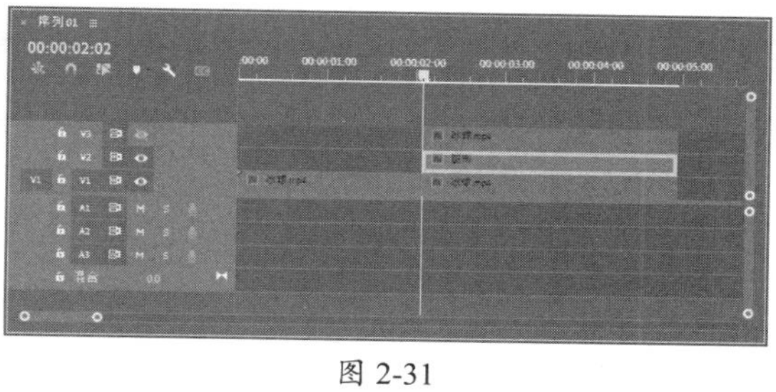

图 2-31

步骤10 选中V2轨道素材，移动时间线至00:00:02:02处，在"效果控件"面板中单击"缩放"参数和"旋转"参数左侧的"切换动画"按钮◎，添加关键帧，移动时间线至00:00:02:15处，调整"缩放"参数和"旋转"参数，软件将自动添加关键帧，如图2-32所示。此时，"节目"监视器面板中的效果如图2-33所示。

图 2-32

图 2-33

步骤11 显示V3轨道素材并选中，移动时间线至00:00:02:02处，在"效果控件"面板中单击"缩放"参数和"旋转"参数左侧的"切换动画"按钮◎，添加关键帧，移动时间线至00:00:02:15处，调整"缩放"参数和"旋转"参数，软件将自动添加关键帧，如图2-34所示。此时，"节目"监视器面板中的效果如图2-35所示。

图 2-34

图 2-35

步骤12 移动时间线至00:00:02:02处，将"快门.wav"素材拖曳至A1轨道上，如图2-36所示。

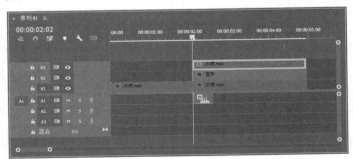

图 2-36

步骤13 至此，完成拍照效果的制作。移动时间线至初始位置，按空格键播放即可观看效果，如图2-37所示。

图 2-37

综合实战：制作定格出场效果

在观看综艺节目时，常常可以通过定格出场突出主体的操作。下面综合视频剪辑的相关知识，介绍定格出场的制作效果。

步骤 01 新建项目和序列，并导入本章素材文件，如图2-38所示。

步骤 02 将音频素材拖曳至A1轨道上，在"效果控件"面板中调整"级别"为"-15.0dB"，如图2-39所示。

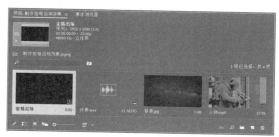

图 2-38

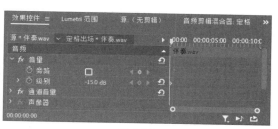

图 2-39

步骤 03 将视频素材拖曳至V2轨道上，右击，在弹出的快捷菜单中执行"取消链接"命令，取消音视频链接，并删除音频素材，如图2-40所示。

步骤 04 在"时间轴"面板中选中V2轨道素材并右击，在弹出的快捷菜单中执行"速度/持续时间"命令，打开"剪辑速度/持续时间"对话框设置参数，如图2-41所示。

图 2-40

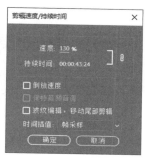

图 2-41

步骤05 完成后单击"确定"按钮应用设置。根据音频移动播放指示器至00:00:02:23处，选中V2轨道素材并右击，在弹出的快捷菜单中执行"插入帧定格分段"命令，插入帧定格分段，如图2-42所示。

步骤06 移动音频素材位置，调整帧定格分段持续时间为0:00:02:23，如图2-43所示。

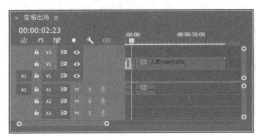
图 2-42

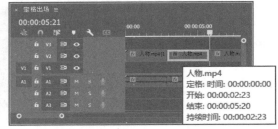
图 2-43

步骤07 根据A1轨道素材在00:00:11:17处裁切V2轨道素材，并删除右侧部分，如图2-44所示。

步骤08 移动播放指示器至00:00:02:23处，单击"节目"监视器面板中的"导出帧"按钮，打开"导出帧"对话框，将该帧导出至素材文件夹中，如图2-45所示。

图 2-44

图 2-45

步骤09 在Photoshop软件中打开导出的图像，创建人物蒙版，如图2-46所示。

图 2-46

步骤10 将Photoshop中的图像导出为PNG格式，并将其导入至Premiere软件V3轨道中，调整其持续时间与帧定格素材一致，如图2-47所示。

步骤11 删除V2轨道第2段素材，将背景图像素材拖曳至V1轨道上，调整持续时间与V3轨道素材一致，如图2-48所示。

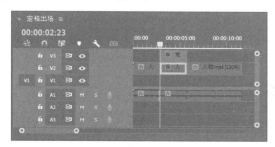

图 2-47

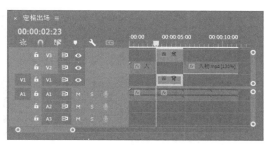

图 2-48

步骤12 使用文字工具在"节目"监视器面板中单击输入文本，在"效果控件"面板设置参数，选择喜欢的字体及大小即可，效果如图2-49所示。

步骤13 在"时间轴"面板中调整文本素材持续时间，并按住Alt键向上拖曳复制，如图2-50所示。

图 2-49

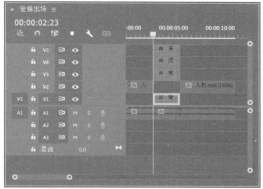

图 2-50

步骤14 选中复制的图层，在"节目"监视器面板中调整位置和文本内容，如图2-51所示。

步骤15 移动播放指示器至00:00:03:08处，选中"流浪"文本图层，在"效果控件"面板中单击"位置"参数左侧的"切换动画"按钮◎添加关键帧；移动播放指示器至00:00:03:18处，更改位置参数，使文本向左移动至完全位于人物左侧，软件将自动添加关键帧，如图2-52所示。

图 2-51

图 2-52

步骤16 移动播放指示器至00:00:03:08处，选中"乐手"文本图层，在"效果控件"面板中单击"位置"参数左侧的"切换动画"按钮◎添加关键帧；移动播放指示器至00:00:03:18处，更改位置参数，使文本向右移动至完全位于人物右侧，软件将自动添加关键帧，如图2-53所示。

步骤17 选中两个文本图层并右击，在弹出的快捷菜单中执行"嵌套"命令，打开"嵌套序列名称"对话框，设置名称，如图2-54所示。

| 图 2-53 | 图 2-54 |

步骤18 完成后单击"确定"按钮嵌套序列，并将嵌套序列移动至V2轨道上，如图2-55所示。

步骤19 选中V1和V3轨道中的素材及嵌套序列并右击，在弹出的快捷菜单中执行"嵌套"命令，打开"嵌套序列名称"对话框设置名称，完成后单击"确定"按钮嵌套序列，将V2轨道素材移动至V1轨道中，如图2-56所示。

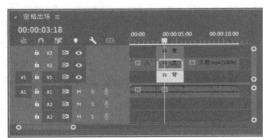

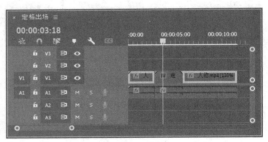

| 图 2-55 | 图 2-56 |

步骤20 在"效果"面板中搜索"白场过渡"视频过渡效果并拖曳至V1轨道第2段素材入点处，在"效果控件"面板中调整持续时间为0:00:00:05，如图2-57所示。

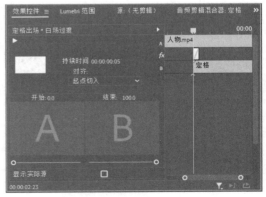

图 2-57

步骤 21 使用相同的方法在V1轨道第2段素材出点处添加"交叉溶解"视频过渡效果，并设置持续时间为0:00:00:05，如图2-58所示。

步骤 22 双击嵌套序列将其打开，选中V3轨道中的人物抠像素材，在"效果控件"面板中单击"缩放"参数左侧的"切换动画"按钮 ⊙ 添加关键帧，并设置数值为130%；移动播放指示器至00:00:00:10处，更改位置参数为100%，软件将自动添加关键帧，如图2-59所示。

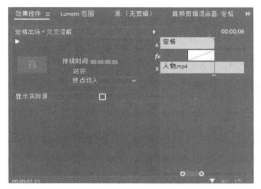

图 2-58

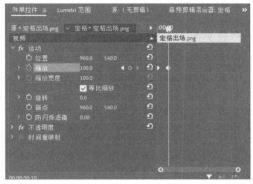

图 2-59

步骤 23 关闭嵌套序列，按空格键预览效果，如图2-60所示。

图 2-60

至此完成定格出场效果的制作。

QA 新手答疑

1. Q：剪辑素材的作用是什么？

A： 在制作影片时，往往会使用大量的素材，剪辑素材就是对素材进行处理编辑的过程。通过对素材进行剪辑，用户可以选择素材中优秀的部分进行使用，以使最终的成品质量更佳，配合也更加融洽。

2. Q：什么是非线性编辑？

A： 非线性编辑是指借助计算机进行数字化制作的编辑。在使用非线性编辑软件时，用户仅需上传一次就可以进行多次编辑，且不影响素材的质量，节省人力物力，提高了剪辑的效率。Premiere软件、After Effects软件都属于非线性编辑软件。

3. Q：在 Premiere 软件中改变音频持续时间后，音调发生了变化，怎么避免这一情况的出现？

A： 在调整音频持续时间时，除了剪切素材外，用户还可以执行"速度/持续时间"命令，打开"剪辑速度/持续时间"对话框，勾选"保持音频音调"复选框，这样就可以保持音频的音调。要注意的是，当音频素材持续时间与原始持续时间差异过大时，建议用户重新选择合适的音频素材进行应用。

4. Q：标记有什么作用？怎么应用？

A： 标记可以指示重要的时间点，帮助用户定位素材文件。当素材中存在多个标记时，右击监视器面板或"时间轴"面板中的标尺，在弹出的快捷菜单中执行"转到下一个标记"命令或"转到上一个标记"命令，时间标记会自动跳转到对应的位置。若想对标记的名称、颜色、注释等信息进行更改，可以双击标记按钮▮或右击标记按钮▮，在弹出的快捷菜单中执行"编辑标记"命令，打开"编辑标记"对话框即可进行修改。若想删除标记，可以右击监视器面板或"时间轴"面板中的标尺，在弹出的快捷菜单中执行"清除所选的标记"命令或"清除所有标记"命令，即可删除相应的标记。

Premiere
After Effects
Audition

第3章
视频字幕
效果制作

　　文字在视频中常以字幕、标题、滚动文本、弹幕等形式出现。文字信息可以更好地诠释视频内容，帮助观众理解、投入到视频中。本章将介绍视频文字的创建与编辑，帮助用户了解文字在视频中的应用。

3.1 认识字幕

字幕是影视作品中一种常见的视觉元素，是指将电视、电影、综艺等影视作品中所包含的对话、旁白、歌曲歌词等非视觉信息以文字形式展示出来，便于观众观看和理解。

3.1.1 字幕在影视作品中的作用

字幕在影视作品中扮演着极为重要的角色，下面对此进行介绍。

（1）跨语言传播

为不同语言的观众提供实时的翻译，使非母语观众也可以观看和理解，如引进的外国影片基本会提供双语字幕，方便观众观看。同时这一做法还有助于语言学习者对照原文和译文进行练习，提高语言技能。

（2）听力辅助

帮助听障人士或在嘈杂环境中观看的观众理解影视作品，扩大作品的受众范围和观看环境。

（3）信息补充

在部分纪录片、新闻、综艺等节目中，提供额外的信息，帮助观众理解。

（4）增强艺术风格

增强影片的艺术风格或传达特定的情感色彩，还可以起到强调及突出内容的作用，如综艺作品中的花字。

3.1.2 字幕的常见表现形式

根据不同的场景需求和观众群体，字幕也会呈现出不同的表现形式。图3-1所示为电影频道播放作品时显示的预告字幕。

下面对字幕的常见表现形式进行介绍。

图 3-1

- **滚动字幕**：多用于电视节目、电影和网络视频中，以时间同步的方式显示对话或背景描述，一般从屏幕一侧向另一侧滚动，如新闻频道中底部的滚动新闻。

- **固定位置字幕**：最常见的字幕形式之一，一般固定在屏幕底部中央，不会滚动，确保观众始终在同一区域阅读。

- **图形叠加字幕**：指在视频图像上叠加一层带有文字或图形的图层，以增强视频的视觉表现力。该类型字幕既可以是静态的，也可以是动态的，如综艺中常见的花字。

- **隐藏式字幕**：即无障碍字幕，主要用于帮助听障人士和其他有听力障碍的观众理解视频内容。这种字幕除了对话外，一般还描述了剧情、角色、背景声音、音乐变化和环境效果等信息，以便观众理解。

- **交互式字幕**：具有互动性的字幕，用户在观看时可以点击该类型字幕获取额外信息或其他操作。

3.2 文字的创建

文字是影视作品中必不可少的部分，它可以对影视作品的内容作出解释，使观众更好地理解、沉浸在影视作品中。在Premiere软件中，用户可以通过多种方式创建文字。

3.2.1 文字工具

选择"工具"面板中的"文字工具"■或"垂直文字工具"■，在"节目"监视器面板中单击即可输入文字。图3-2所示为使用"垂直文字工具" 创建的文字效果。创建文字后， "时间轴"面板中将自动出现文字素材，如图3-3所示。

图 3-2

图 3-3

⊘注意事项 选择"文字工具"■后在"节目"监视器面板中拖曳创建文本框，可用于输入区域文字。用户可以通过调整文本框的大小改变文本框可见区域，而不影响文字大小。

3.2.2 "文本"命令

除了使用文字工具外，用户还可以通过"基本图形"面板中的"文本"命令创建文字。"基本图形"面板的功能非常强大，用户可以通过该面板直接在Premiere软件中创建字幕、图形或动画。

执行"窗口"|"基本图形"命令，打开"基本图形"面板，单击"编辑"选项卡中的"新建图层"按钮■，在弹出的快捷菜单中执行"文本"命令或按Ctrl+T组合键，即可在"时间轴"面板中新建文字素材，如图3-4所示。同时"节目"监视器面板中将出现文字输入框，双击文字输入框即可输入文字。

图 3-4

⊘注意事项 选中"时间轴"面板中的文字素材，在"节目"监视器面板中单击可继续输入文字，此时，新添加的文字与原文字在同一个素材中，用户可以在"基本图形"面板中分别对两个文字图层进行隐藏或显示等操作。

除了添加文字、图形等素材外，在"基本图形"面板的"浏览"选项卡中，用户还可以直接应用软件中自带的模板，制作动态效果。图3-5所示为"基本图形"面板的"浏览"选项卡。

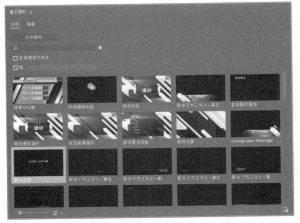

图 3-5

选择模板后将其拖曳至"时间轴"面板相对应的轨道中，即可应用该模板，如图3-6所示。若想对模板素材进行编辑，可以选择"时间轴"面板中应用的模板后，在"效果控件"面板和"基本图形"面板的"编辑"选项卡中进行编辑，以满足应用需要。

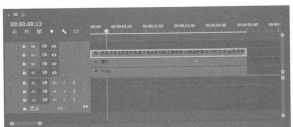

图 3-6

动手练 制作影片字幕效果

在影视剧的片头及片尾处，一般都会展示影片制作人员的信息。下面结合"基本图形"面板，介绍如何添加影片制作人员信息。

步骤 01 新建项目和序列，并导入本章素材文件"走路.mp4"和"配乐.wav"，如图3-7所示。

图 3-7

步骤 02 选择"走路.mp4"素材，拖曳至"时间轴"面板中的V1轨道上，选择"配乐.wav"素材，拖曳至"时间轴"面板中的A1轨道中，如图3-8所示。

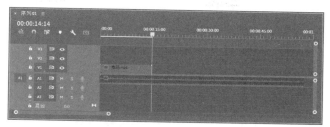

图 3-8

步骤 03 移动时间线至00:00:01:02处，使用"剃刀工具"在A1轨道素材上单击，剪切素材并按Shift+Delete组合键删除第1段素材。移动时间线至00:00:14:14处，使用"剃刀工具"在A1轨道素材上单击，剪切素材并按Delete键删除第2段素材，如图3-9所示。

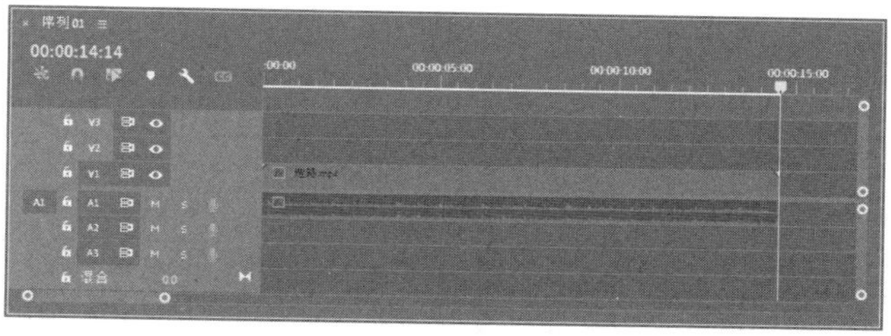

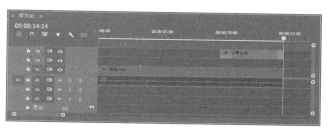

图 3-9

步骤 04 执行"窗口"｜"基本图形"命令，打开"基本图形"面板，切换至"浏览"选项卡，选择"影片制作人员"模板拖曳至V3轨道上，如图3-10所示。在"节目"监视器面板中的预览效果如图3-11所示。

图 3-10

图 3-11

步骤 **05** 在"基本图形"面板的"编辑"选项卡中双击相应的文字图层，在"节目"监视器面板中重新输入文字信息。图3-12所示为完成后的效果。

图 3-12

步骤 **06** 在"项目"面板中右击，在弹出的"新建项目"快捷菜单中执行"黑场视频"命令，打开"新建黑场视频"对话框，保持默认设置后单击"确定"按钮，新建黑场视频素材，并将其拖曳至"时间轴"面板中的V2轨道上，调整持续时间与V3轨道素材一致，如图3-13所示。

图 3-13

步骤 **07** 选中V2轨道素材，移动时间线至00:00:09:14处，在"效果控件"面板中单击"不透明度"参数左侧的"切换动画"按钮，添加关键帧，并设置"不透明度"为0.0%。移动时间线至00:00:12:06处，设置"不透明度"为100.0%，软件将自动添加关键帧，如图3-14所示。此时，"节目"监视器面板中的效果如图3-15所示。

图 3-14

图 3-15

步骤 08 至此，完成影片制作人员信息的添加。移动时间线至初始位置，按空格键播放即可观看效果，如图3-16所示。

图 3-16

3.3 文字的编辑

输入文字后，用户可以对文字的属性、外观、样式等参数进行设置，以使其更加适合呈现在影片中。在Premiere软件中，用户可以通过"效果控件"面板或"基本图形"面板编辑文字，制作出特殊的视觉效果。

3.3.1 "效果控件"面板编辑文字

在Premiere软件中，用户可以在"效果控件"面板中对文字的字体、字号、外观等属性进行设置，使文字和影片内容更加匹配。图3-17所示为"效果控件"面板，下面对此进行介绍。

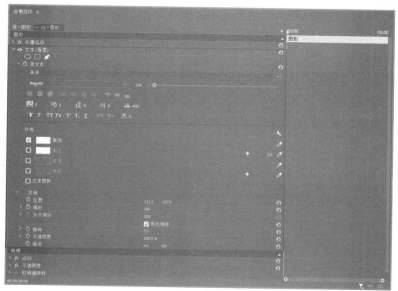

图 3-17

1. 设置文字属性

选择要编辑的文字素材，在"效果控件"面板中展开"文本"参数，即可设置文字的字体、字体大小等属性。图3-18所示为"效果控件"面板中可设置的文字基本属性。

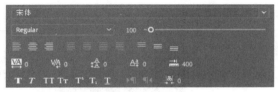

图 3-18

其中，部分属性选项作用如下。

- **字体**：用于选择需要的文字字体。
- **字体样式**：用于设置文字字重，仅部分字体可选。
- **字体大小**：用于设置文字大小。
- **对齐方式**：用于设置文字对齐方式，用户根据需要进行选择即可。
- **字距调整**：用于放宽或收紧选定文本或整个文本块中字符之间的间距。
- **行距**：用于设置文字行之间的距离。
- **基线位移**：用于设置文字在默认高度基础上向上（正）或向下（负）偏移。
- **仿粗体**：单击该按钮可加粗选中的文字，再次单击将取消效果。
- **仿斜体**：单击该按钮可倾斜选中的文字，再次单击将取消效果。
- **全部大写字母**：单击该按钮可将文字中的英文字母全部改为大写。
- **小型大写字母**：单击该按钮可将文字中小写的英文字母改为大写，并保持原始高度。
- **上标**：单击该按钮可将选中的文字更改为上标文字。
- **下标**：单击该按钮可将选中的文字更改为下标文字。
- **下画线**：单击该按钮可为选中的文字添加下画线。

2. 设置文字外观

文字的外观属性包括填充、描边、阴影等，用户可以在"效果控件"面板中对这些参数进行设置，从而制作出更具特色的文字效果。图3-19所示为"效果控件"面板中可设置的外观参数。勾选"外观"参数下方选项左侧的复选框，即可启用该选项，其中，用户可以根据需要添加多个描边及阴影效果。

勾选"背景"和"阴影"复选框时，可将其展开进行更进一步的设置。图3-20所示为展开的"背景"及"阴影"选项。用户可以设置背景的不透明度、大小以及角半径，还可以设置阴影的不透明度、角度、偏移距离、大小及模糊程度等。

图 3-19

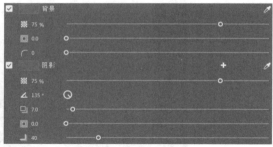

图 3-20

✅**知识点拨** 在Premiere软件中，用户可以将文本转换到蒙版图层，隐藏或显示部分内容。勾选"外观"参数下方的"文本蒙版"复选框，在"基本图形"面板的图层堆叠中，蒙版将隐藏文字以外的内容，并显示文字下方的其他图层部分；勾选"反转"复选框，将隐藏文字内容，显示文字下方图层的其他部分。

3. 文字变换

若想设置文字的位置、缩放等属性，可以在"变换"参数中进行设置。图3-21所示为展开的"变换"参数，用户根据需要进行设置即可。

图 3-21

除了通过"效果控件"面板中的"变换"参数设置文字的位置等属性，用户还可以选择"选择工具" ▶，在"节目"监视器面板中选中文字直接进行调整。

3.3.2 "基本图形"面板编辑文字属性

"基本图形"面板中的文字属性设置基本与"效果控件"面板中的设置类似。图3-22所示为"基本图形"面板。

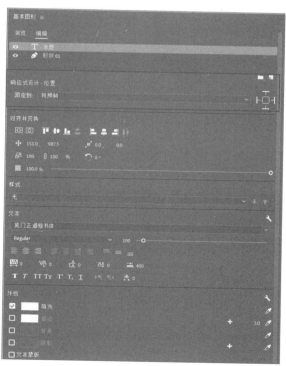

图 3-22

与"效果控件"面板中的选项相比，"基本图形"面板中多了一个"响应式设计"选项，响应式设计包括"响应式设计-时间"和"响应式设计-位置"两种。其中，"响应式设计-时间"基于图形，只有在未选中任何图层或存在关键帧的情况下才会出现在"基本图形"面板下方；而"响应式设计-位置"可以使当前图层固定到其他图层，随着其他图层变换而变换。

1. 响应式设计 – 时间

"响应式设计-时间"可以指定开场和结尾的持续时间，以保证在改变剪辑持续时间时，不影响开场和结尾的持续时间，同时中间部分的关键帧将根据需要进行拉伸或压缩以适应改变后的持续时间。用户还可以通过勾选"滚动"复选框制作滚动字幕效果。图3-23所示为"基本图形"面板中的"响应式设计-时间"选项。

2. 响应式设计 – 位置

"响应式设计-位置"可以使某个图层自动适应视频帧的变化，如用户可以使某个形状响应文字图层，以便在改变文字内容时下方的形状也随之改变。图3-24和图3-25所示为响应后的效果对比。

图 3-23

图 3-24

图 3-25

 动手练 制作弹幕效果

弹幕是观看互联网视频时的一大乐趣，在制作视频时，用户可以选择性地添加一些弹幕，使视频更加有趣。下面结合文字相关知识的应用，介绍弹幕效果的制作方法。

步骤01 新建项目，导入本章素材文件"长颈鹿.mp4"。选择"长颈鹿.mp4"素材拖曳至"时间轴"面板，软件将自动根据素材创建序列，如图3-26所示。

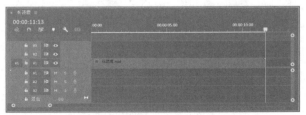

图 3-26

步骤02 移动时间线至00:00:00:00处。单击"基本图形"面板的"编辑"选项卡中的"新建图层"按钮，在弹出的快捷菜单中执行"文本"命令，新建文本素材，双击"基本图形"面板中的文字图层，此时"节目"监视器面板中的文字输入框处于全选状态，输入文字，如图3-27所示。

步骤 03 选择"基本图形"面板中的文字图层，在"基本图形"面板中设置"字体"为"黑体"、"字体大小"为53，勾选"阴影"复选框，设置阴影参数，使用"选择工具"▶在"节目"监视器面板中移动文字至合适位置，如图3-28所示。

图 3-27

图 3-28

步骤 04 使用"选择工具"，在"时间轴"面板中拖曳文字素材末端至与V1轨道素材对齐，如图3-29所示。

步骤 05 选择V2轨道素材，在"基本图形"面板的"编辑"选项卡中选中文字图层，右击，在弹出的快捷菜单中执行"复制"命令（第2个复制）复制文字，在"节目"监视器面板中移动复制文字的位置，如图3-30所示。

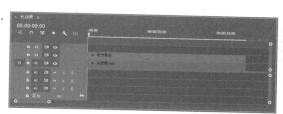

图 3-29

图 3-30

步骤 06 继续选中"编辑"选项卡中的两个文字图层，右击，在弹出的快捷菜单中执行"复制"命令（第2个复制）复制文字，在"节目"监视器面板中移动复制文字的位置，双击其中一个文字，修改其内容，如图3-31所示。

步骤 07 使用相同的方法，复制文字并更改部分文字的颜色、内容等信息，在"节目"监视器面板中设置缩放级别为10%，效果如图3-32所示。

图 3-31

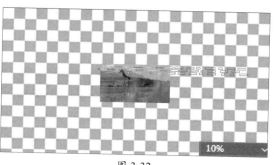

图 3-32

⚫**注意事项** 文字内容可根据需要自行添加。

步骤 08 设置缩放级别为"适合"。移动时间线至00:00:00:00处，选中"时间轴"面板V2轨道上的素材，在"效果控件"面板中单击"矢量运动"效果中"位置"参数左侧的"切换动画"按钮◻️，添加关键帧，移动时间线至00:00:11:12处，设置"位置"参数，再次添加关键帧，如图3-33所示。此时，"节目"监视器面板中的预览效果如图3-34所示。

图 3-33

图 3-34

步骤 09 至此，完成弹幕效果的制作。移动时间线至初始位置，按空格键播放即可观看效果，如图3-35所示。

图 3-35

⚛️ 综合实战：制作文本遮罩开场效果

文本遮罩开场是一种常见的开场效果。本案例将结合文本的相关知识，对文本遮罩开场的制作进行介绍。

步骤 01 新建项目和序列，并导入本章素材文件，如图3-36所示。

步骤 02 将视频素材拖曳至V1轨道，右击，在弹出的快捷菜单中执行"取消链接"命令，取消音视频链接，并删除A1轨道上的音频素材，如图3-37所示。

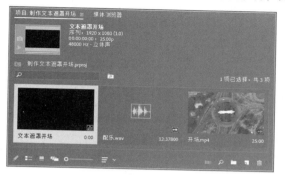

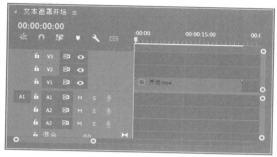

图 3-36　　　　　　　　　　　　　　　　　　图 3-37

步骤 03 将音频素材拖曳至A1轨道上，调整V1轨道素材持续时间与A1轨道一致，如图3-38所示。

步骤 04 选中V1轨道素材，按住Alt键向上拖曳复制，如图3-39所示。

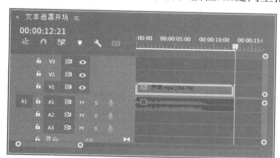

图 3-38　　　　　　　　　　　　　　　　　　图 3-39

步骤 05 移动播放指示器至素材入点处，使用"文字工具"输入文字，在"效果控件"面板中设置喜欢的字体样式，如图3-40所示。效果如图3-41所示。

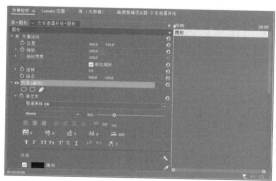

图 3-40　　　　　　　　　　　　　　　　　　图 3-41

步骤 06 调整文本图层的持续时间与V1轨道素材一致，如图3-42所示。

步骤 07 在"效果"面板中搜索"轨道遮罩键"视频效果，拖曳至V2轨道素材上，在"效果控件"面板中设置参数，如图3-43所示。

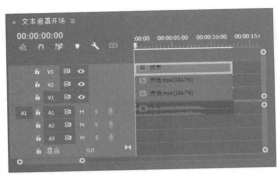

图 3-42

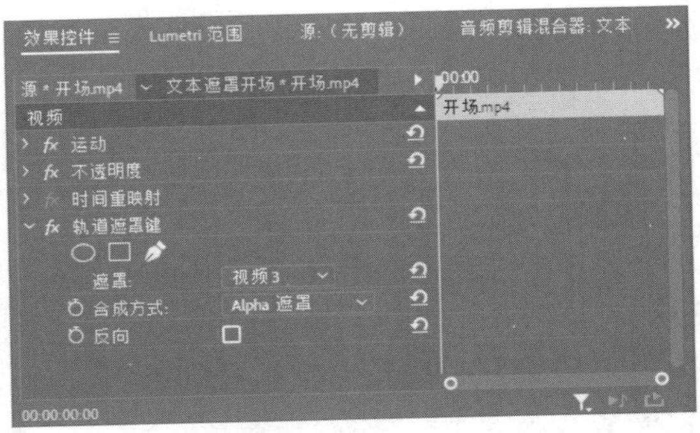

图 3-43

步骤08 在"效果"面板中搜索"高斯模糊"视频效果，拖曳至V1轨道素材上，在"效果控件"面板中设置参数，如图3-44所示。

步骤09 "节目"监视器面板中的效果如图3-45所示。

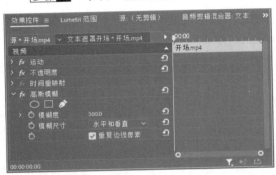

图 3-44

图 3-45

步骤10 移动播放指示器至00:00:02:00，选中文本图层，在"效果控件"面板中单击"缩放"和"位置"参数左侧的"切换动画"按钮⊙添加关键帧；移动当前时间指示器至00:00:05:08处，更改"缩放"和"位置"参数直至完全显示视频，软件将自动添加关键帧，如图3-46所示。

图 3-46

步骤11 右击V系列轨道中的素材，在弹出的快捷菜单中执行"嵌套"命令嵌套素材，如图3-47所示。

步骤12 在"效果"面板中搜索"黑场过渡"视频过渡效果拖曳至嵌套序列入点处，如图3-48所示。

图 3-47

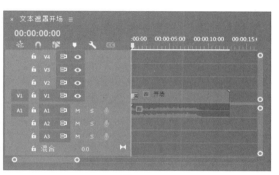
图 3-48

步骤 13 按空格键预览效果，如图3-49所示。

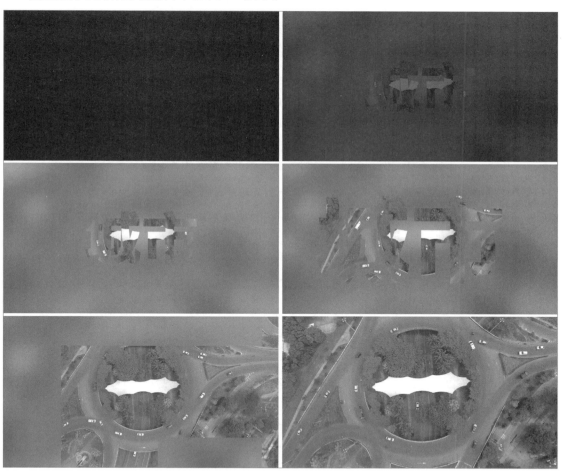
图 3-49

至此完成文本遮罩开场视频效果的制作。

QA 新手答疑

1. Q: 什么是字幕安全区域?

A: 在Premiere软件监视器面板中，用户可以单击"安全边距"按钮■显示字幕安全区域，即外部的动作安全边距和内部的字幕安全边距。该区域主要是针对在广播电视上播放的观看影片而言。其中，动作安全边距显示了90%的可视区域，重要的影片内容需要放置在该区域内；字幕安全边距则确定了文字字幕的区域范围，超出该区域的文字有可能看不到。

2. Q: 怎么制作书写文字效果?

A: 在Premiere软件中，用户可以通过"书写"视频效果实现书写文字的目的。要注意的是，使用该视频效果需要先将文字素材进行嵌套，以减少运算量，避免软件崩溃。

3. Q: 如何替换项目中的字体?

A: 在Premiere软件中，用户可以同时更新所有字体来替换现有的字体，而不用选择具体的文字图层。执行"图形"|"替换项目中的字体"命令，打开"替换项目中的字体"对话框，在该对话框中选择要替换的字体，在"替换字体"下拉列表框中选择新的字体后单击"确定"按钮，即可进行替换。要注意的是，该命令将替换所有序列和所有打开项目中选定字体的所有实例，而不是只替换一个图形中的所有图层字体。

4. Q: 如何将描边连接处设置为圆角连接?

A: 在"基本图形"面板中选中图层并切换至"编辑"选项卡，单击"外观"参数右侧的"图形属性"按钮◣，即可打开"图形属性"对话框对描边样式参数进行设置。其中，"线段连接"可将线段设置为斜接、圆和斜切；"线段端点"用于设置线段的端点样式，包括平头、圆形或方形3种；"斜接限制"则定义在斜接连接变成斜切之前的最大斜接长度，默认斜接限制为2.5。

5. Q: 如何通过"基本图形"面板创建动画?

A: 在"基本图形"面板中选中要制作动画的图层，单击要制作动画的属性左侧的图标，当其变为蓝色时即打开该属性的动画，移动时间线切换相应的数值即可添加动画效果，如图3-50所示。

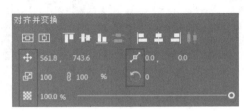

图 3-50

Premiere
After Effects
Audition

第 4 章
转场及
视频效果

视频转场与视频效果可以丰富影片内容，使影片更具视觉表现力。其中转场效果可以衔接切换较为生硬的视频片段，使视频播放流畅自然；视频效果则可以创造性地处理视频片段，使其焕发新的光彩。本章将对转场及视频效果的应用进行介绍。

4.1 视频过渡效果

视频过渡在短视频制作中扮演着重要角色，通过视频过渡可以平滑顺畅地连接素材，使观众获得良好的视觉体验。Premiere软件中包含多种预设的视频过渡效果，用户可以直接应用。

4.1.1 什么是视频过渡

在视频制作和编辑中，视频过渡指的是在两个连续的视频片段之间添加的一种视觉特效，通过它使镜头或场景平滑自然地过渡至下一镜头或场景。Premiere软件中包括大量视频过渡预设效果，包括溶解、划像、三维动画等，这些视频过渡效果可以起到以下作用。

- **连贯镜头**：通过添加视频过渡效果可以减少两个相邻镜头间的生硬变化，使画面的转换更加自然，镜头更加连贯。
- **营造氛围**：不同的过渡效果可以影响视频的节奏，使其呈现不同的氛围。
- **增加创意**：实现更具创意的画面切换效果，给观众带来良好的视觉体验。
- **解决剪辑问题**：通过过渡可以掩盖剪辑中出现的色彩差异、不匹配等问题。

4.1.2 添加视频过渡效果

Premiere软件中的视频过渡效果集中在"效果"面板中，用户可以在该面板中找到要添加的视频过渡效果，拖曳至"时间轴"面板中的素材入点或出点处即可。图4-1所示为添加"交叉溶解"视频过渡的效果。

图 4-1

4.1.3 编辑视频过渡效果

添加视频过渡效果后，可以在"效果控件"面板中设置其持续时间、方向等参数，如图4-2所示。

该面板中部分选项作用如下。

- **持续时间**：用于设置视频过渡效果的持续时间，时间越长，过渡越慢。
- **对齐**：用于设置视频过渡效果与相邻素材片段的对齐方式，包括中心切入、起点切入、终点切入和自定义切入4个选项。

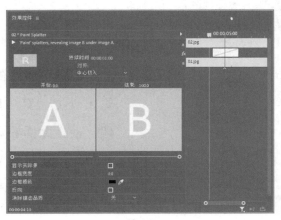

图 4-2

- **开始**：用于设置视频过渡开始时的效果，默认数值为0，该数值表示将从整个视频过渡过程的开始位置进行过渡；若将该参数数值设置为10，则从整个视频过渡效果的10%位置开始过渡。
- **结束**：用于设置视频过渡结束时的效果，默认数值为100，该数值表示将在整个视频过渡过程的结束位置完成过渡；若将该参数数值设置为90，则表示视频过渡特效结束时，视频过渡特效只是完成了整个视频过渡的90%。
- **显示实际源**：勾选该复选框，可在"效果控件"面板的预览区中显示素材的实际效果。
- **边框宽度**：用于设置视频过渡过程中形成的边框的宽度。
- **边框颜色**：用于设置视频过渡过程中形成的边框的颜色。
- **反向**：勾选该复选框，将反转视频过渡的效果。

⚠注意事项 选择不同的视频过渡效果在"效果控件"面板中的选项也有所不同，在使用时，根据实际需要设置即可。

动手练 制作开场视频

影片的开场视频是影片非常重要的一部分，它可以吸引观众的注意力，使观众了解影片的大致内容，从而更容易沉浸在影片中。下面结合视频过渡效果等知识，介绍开场视频的制作。

步骤01 新建项目和序列，导入本章素材文件"滑板.mp4"，如图4-3所示。

步骤02 单击"项目"面板中的"新建项"按钮🔲，在弹出的快捷菜单中执行"开场视频"命令，打开"制作开场视频"对话框，保持默认设置后单击"确定"按钮，新建黑场视频素材，如图4-4所示。

图 4-3

图 4-4

步骤03 选中"滑板.mp4"素材，拖曳至"时间轴"面板中的V1轨道上，在"效果"面板中搜索"亮度波形"视频效果，拖曳至该素材上，在"效果控件"面板中设置"亮度波形"效果参数来提亮画面，调整后在"节目"监视器面板中的预览效果如图4-5所示。

图 4-5

步骤 04 选择"黑场视频"素材，拖曳至"时间轴"面板中的V4轨道上，设置持续时间为00:00:03:00，如图4-6所示。

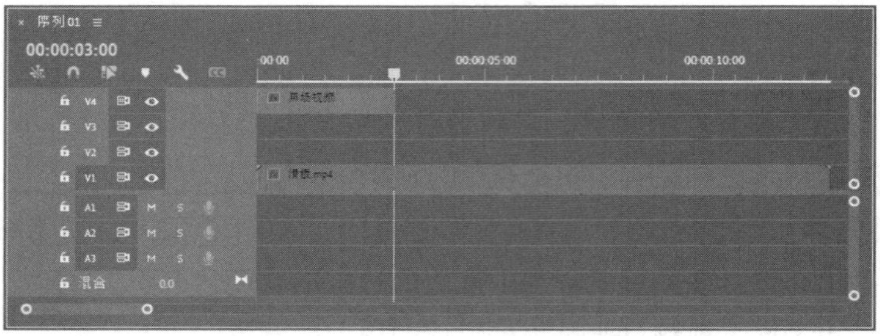

图 4-6

步骤 05 在"效果"面板中搜索"拆分"视频过渡效果，拖曳至V4轨道素材末端，添加视频过渡效果，选中添加的"拆分"视频过渡效果，在"效果控件"面板中设置方向为"自北向南"，并调整持续时间为00:00:03:00，如图4-7所示。

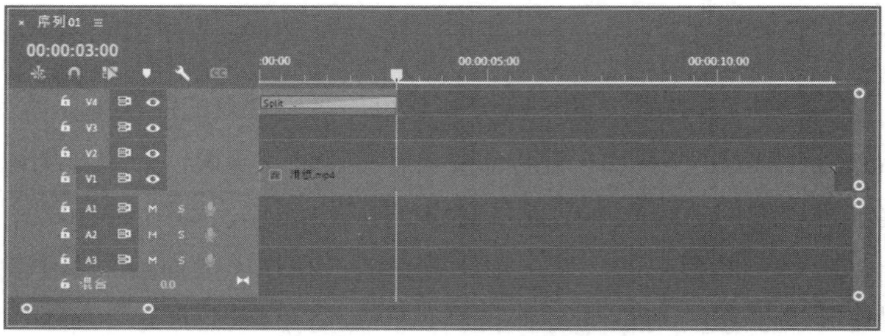

图 4-7

步骤 06 使用相同的方法，继续在V4轨道中添加"黑场视频"素材，并调整持续时间为00:00:03:00，在其起始处添加"拆分"视频过渡效果，在"效果控件"面板中设置方向为"自北向南"，调整持续时间为00:00:03:00，勾选"反向"复选框，如图4-8所示。

图 4-8

步骤 07 在"基本图形"面板中单击"新建图层"按钮，在弹出的快捷菜单中执行"矩形"命令，新建矩形，此时"时间轴"面板中将自动出现图形素材，调整其持续时间与V1轨道素材一致。在"节目"监视器面板中预览矩形，如图4-9所示。

步骤 08 使用"选择工具"选中并调整矩形大小与位置。在"基本图形"面板中选中"形状01"图层，右击，在弹出的快捷菜单中执行"复制"命令（第2个复制），复制形状，使用"选择工具"调整其位置，如图4-10所示。

图 4-9

图 4-10

步骤 09 移动时间线至00:00:01:00处，选择"文字工具" T，在"节目"监视器面板中单击并输入文字，在"基本图形"面板中设置其与画面垂直居中对齐、水平居中对齐，设置"切换动画的比例"为183、"字体"为"庞门正道粗书体"、"填充"为纯白色，并添加黑色投影，在"节目"监视器面板中的预览效果如图4-11所示。在"时间轴"面板中调整其持续时间为00:00:03:00。

步骤 10 在"效果"面板中搜索"交叉溶解"视频过渡效果，拖曳至文字素材的起始处和末端，如图4-12所示。

图 4-11

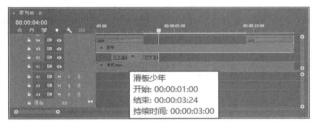
图 4-12

步骤 11 选中V2轨道上的文字素材，按住Alt键向后拖曳复制，设置其持续时间为00:00:05:00，使用"文字工具" T修改文字内容，在"基本图形"面板中设置其与画面垂直居中对齐、水平居中对齐，设置"切换动画的比例"为77，在"节目"监视器面板中的预览效果如图4-13所示。

步骤 12 继续复制文字素材，调整其持续时间为00:00:03:15，使用"文字工具" T修改文字内容，在"基本图形"面板中设置其与画面垂直居中对齐、水平居中对齐，设置"切换动画的比例"为77，在"节目"监视器面板中的预览效果如图4-14所示。

图 4-13

图 4-14

步骤13 至此，完成开场视频的制作。移动时间线至初始位置，按空格键播放即可观看效果，如图4-15所示。

图 4-15

4.2 关键帧动画

关键帧是制作动态效果的重要工具，可以记录对象在特定时间的特殊状态。通过软件在两个连续的关键帧之间生成过渡和插值，就生成了平滑的动态效果。本节将对关键帧动画进行介绍。

4.2.1 认识"效果控件"面板

"效果控件"面板中可以设置对象的绝大多数属性，包括位置、缩放、旋转及添加的视频效果等，如图4-16所示。

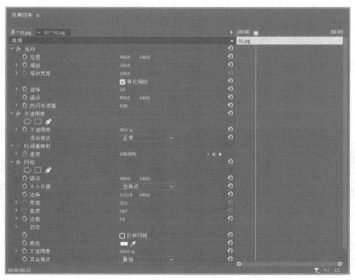

图 4-16

该面板中部分选项作用如下。

- **运动**：用于设置素材的位置、缩放、旋转等参数。
- **不透明度**：用于设置素材的不透明度，制作叠加、淡化等效果。
- **时间重映射**：用于设置素材的速度。
- **切换效果开关 fx**：单击该按钮，将禁用相应的效果，此时按钮变为 fx 状，在"节目"监视器面板中该效果将被隐藏。再次单击可重新启用该效果。
- **切换动画 ⊙**：单击该按钮，将激活关键帧过程，在轨道中创建关键帧，两个及以上具有不同状态的关键帧之间将出现变化的效果。若在已有关键帧的情况下单击该按钮，将删除相应属性的所有关键帧。
- **添加/移除关键帧 ◇**：激活关键帧过程后出现该按钮，单击即可添加或移除关键帧。
- **重置效果 ⊅**：单击该按钮，将重置当前选项为默认状态。

> **❶注意事项** 若想删除所有效果，可以在"效果控件"面板的快捷菜单中执行"移除效果"命令或在"时间轴"面板中选中素材，右击，在弹出的快捷菜单中执行"删除属性"命令，打开"删除属性"对话框，在该对话框中选择要删除的属性，单击"确定"按钮即可删除应用的效果，并使固定效果恢复至默认状态。

4.2.2 添加关键帧

帧是动画中最小单位的单幅影像画面，而关键帧是指具有关键状态的帧，两个不同状态的关键帧之间就形成了动画效果。关键帧可以帮助用户制作动画效果，用户可以在"效果控件"面板中进行添加或移除关键帧的操作。

选中"时间轴"面板中的素材，在"效果控件"面板中单击某一参数左侧的"切换动画"按钮 ⊙，即可在播放指示器当前位置添加关键帧，移动播放指示器，调整参数或单击"添加/移除关键帧"按钮 ◇，可在当前位置继续添加关键帧，如图4-17所示。

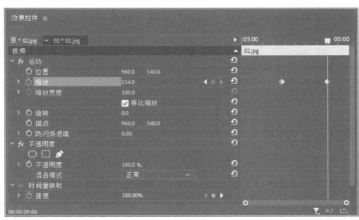

图 4-17

> **❶注意事项** 在不改变关键帧插值的情况下，两个相邻关键帧之间的时间越长，变换速度越慢；时间越短，变换速度越快。

> **✔知识点拨** 针对一些固定效果如位置、缩放、旋转等，用户可以在添加第一个关键帧后，移动播放指示器，在"节目"监视器面板中调整素材添加关键帧。

若要移除关键帧，可以选中关键帧后按Delete键删除，也可以移动播放指示器至要删除的关键帧处，单击该参数中的"添加/移除关键帧"按钮◎将其删除。若要删除某一参数的所有关键帧，可以单击该参数左侧的"切换动画"按钮◎。

！注意事项 按住Shift键在"效果控件"面板或"时间轴"面板中移动播放指示器，可以使其移动至最近的关键帧处。

4.2.3　关键帧插值

关键帧插值可以使关键帧之间的过渡平滑，变化更加自然。在Premiere软件中，包括线性、贝塞尔曲线、自动贝塞尔曲线、连续贝塞尔曲线、定格、缓入和缓出7种关键帧插值命令，其作用如表4-1所示。

表4-1

命令	图标	作用
线性	◐	创建关键帧之间的匀速变化
贝塞尔曲线	▨	创建自由变换的插值，用户可以手动调整方向手柄
自动贝塞尔曲线	◐	创建通过关键帧的平滑变化速率。关键帧的值更改后，"自动贝塞尔曲线"方向手柄也会发生变化，以保持关键帧之间的平滑过渡
连续贝塞尔曲线	▨	创建通过关键帧的平滑变化速率，且用户可以手动调整方向手柄
定格	◀	创建突然的变化效果，位于应用了定格插值的关键帧之后的图表显示为水平直线
缓入	▨	减慢进入关键帧的值变化
缓出	▨	逐渐加快离开关键帧的值变化

选中"效果控件"面板中的关键帧，右击，在弹出的快捷菜单中执行相应的命令，即可应用插值效果。

！注意事项 添加关键帧插值后，用户可以在"效果控件"面板中展开当前属性，在图表中调整手柄设置关键帧变化速率。

4.2.4　蒙版和跟踪效果

蒙版可以使应用的效果作用于特定的区域，制作出区域性的视觉效果。在Premiere软件中，用户可以创建"椭圆形蒙版"●、"4点多边形蒙版"■和"自由绘制贝塞尔曲线"✐3种类型的蒙版。选择"时间轴"面板中要进行蒙版的素材，在"效果控件"面板中单击要设置蒙版的效果下方的蒙版按钮○□✐即可添加蒙版，如图4-18所示。

"效果控件"面板中蒙版属性部分选项作用如下。
- **蒙版路径**：用于添加关键帧设置跟踪效果。单击该选项中的不同按钮，可以设置不同的跟踪效果。
- **蒙版羽化**：用于柔化蒙版边缘。

- **蒙版不透明度：**用于调整蒙版的不透明度。
- **蒙版扩展：**用于扩展蒙版范围。
- **已反转：**勾选该复选框将反转蒙版范围。

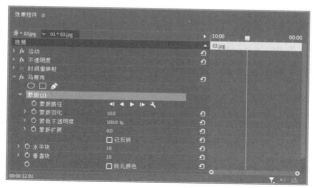

图 4-18

创建蒙版后，用户可使用"选择工具" ▶ 在"节目"监视器面板中调整蒙版形状，使其更容易达到需要的效果。

✅**知识点拨** 选中蒙版后在"节目"监视器面板中可以通过手柄设置蒙版的范围、羽化值等参数，如图4-19所示。

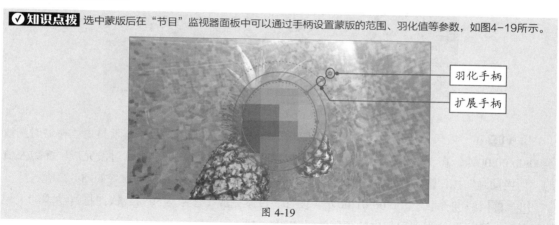

图 4-19

动手练 制作视频分屏效果

分屏效果是视频中常见的一种效果，它可以在同一画面中展现不同的动态视频，带来一种干练精致的美感。下面通过关键帧等知识介绍分屏效果的制作。

步骤 01 新建项目和序列，导入本章素材文件"走路.mp4"和"工作.mp4"，如图4-20所示。

图 4-20

步骤 **02** 选择"走路.mp4"素材，将其拖曳至"时间轴"面板中的V1轨道上，选择"工作.mp4"素材，将其拖曳至"时间轴"面板中的V2轨道中，在打开的"剪辑不匹配警告"对话框中单击"保持现有设置"按钮，将素材文件放至"时间轴"面板，如图4-21所示。

图 4-21

步骤 **03** 选中V1和V2轨道上的素材，右击，在弹出的快捷菜单中执行"缩放为帧大小"命令，设置素材大小。移动时间线至00:00:05:00处，使用"剃刀工具"剪切V1和V2轨道上的素材，并删除右侧素材，如图4-22所示。

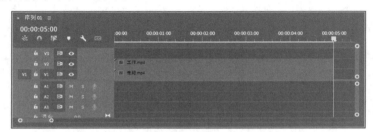

图 4-22

步骤 **04** 在"效果"面板中搜索"线性擦除"视频效果，拖曳至V2轨道素材上。移动时间线至00:00:00:00处，在"效果控件"面板中设置"擦除角度"为60°，单击"过渡完成"参数左侧的"切换动画"按钮◙，添加关键帧，此时"节目"监视器面板中的预览效果如图4-23所示。

步骤 **05** 移动时间线至00:00:01:00处，设置"过渡完成"参数为50%，软件将自动添加关键帧，此时"节目"监视器面板中的预览效果如图4-24所示。

图 4-23

图 4-24

步骤 **06** 在"效果"面板中搜索"变换"视频效果，拖曳至V2轨道素材上，在"效果控件"面板中调整"变换"效果位于"线性擦除"效果上方，单击"变换"效果中"位置"参数左侧的"切换动画"按钮◙，添加关键帧，并设置"位置"参数，此时"节目"监视器面板中的预览效果如图4-25所示。

步骤07 移动时间线至00:00:00:13处，单击"变换"效果中"位置"参数右侧的"重置参数"按钮②，使其恢复原始数值，软件将自动添加关键帧，此时"节目"监视器面板中的预览效果如图4-26所示。

图 4-25

图 4-26

步骤08 移动时间线至00:00:00:00处，单击"基本图形"面板中的"新建图层"按钮，在弹出的快捷菜单中执行"矩形"命令，新建矩形，在"基本图形"面板中设置"切换动画的旋转"为60°、"填充"为白色，在"节目"监视器面板中设置其大小，如图4-27所示。

步骤09 此时，"时间轴"面板V3轨道上将自动出现绘制的图形素材。在"效果"面板中搜索"变换"视频效果，拖曳至V3轨道中的图形素材上，移动时间线至00:00:01:00处，单击"变换"效果中"位置"参数左侧的"切换动画"按钮，添加关键帧；移动时间线至00:00:00:00处，设置"变换"效果中的"位置"参数，使其从画面中消失，此时"节目"监视器面板中的预览效果如图4-28所示。

图 4-27

图 4-28

步骤10 选择V2轨道和V3轨道中的素材，右击，在弹出的快捷菜单中执行"嵌套"命令，打开"嵌套序列名称"对话框，设置"名称"为"右"，完成后单击"确定"按钮，新建嵌套序列，如图4-29所示。

图 4-29

步骤11 在"效果"面板中搜索"变换"视频效果，拖曳至V2轨道中的嵌套序列上，移动时间线至00:00:03:00处，单击"变换"效果中的"位置"参数左侧的"切换动画"按钮⭘，添加关键帧；移动时间线至00:00:04:24处，设置"变换"效果中的"位置"参数，使其从画面中消失，此时"节目"监视器面板中的预览效果如图4-30所示。

步骤12 在"效果"面板中搜索"变换"视频效果，拖曳至V1轨道中的素材上，移动时间线至00:00:03:00处，单击"变换"效果中的"位置"参数左侧的"切换动画"按钮⭘，添加关键帧，设置"位置"参数，使其向左偏移，此时"节目"监视器面板中的预览效果如图4-31所示。

图 4-30

图 4-31

步骤13 移动时间线至00:00:03:24处，单击"变换"效果中的"位置"参数右侧的"重置参数"按钮↩，使其恢复原始数值，软件将自动添加关键帧，此时"节目"监视器面板中的预览效果如图4-32所示。

图 4-32

步骤14 至此，完成分屏效果的制作。移动时间线至初始位置，按空格键播放即可观看效果，如图4-33所示。

图 4-33

4.3 视频特效

Premiere软件中提供多种不同的视频特效以辅助用户制作短视频，通过这些视频特效可以便捷地制作出神奇的视频效果。本节将对此进行介绍。

4.3.1 视频效果

视频效果是Premiere的核心功能，可以改变或增强原始素材的视觉效果，使其更具视觉冲击力。在素材上添加视频效果主要有以下两种方式。

● 在"效果"面板中选中要添加的视频效果，拖曳至"时间轴"面板中的素材上。
● 选中"时间轴"面板中的素材，在"效果"面板中双击要添加的视频效果。

添加视频效果后，"时间轴"面板中素材上的*FX*徽章颜色会变为紫色，如图4-34所示。

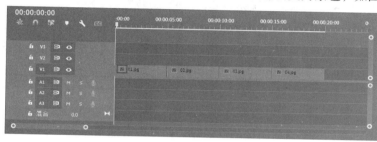

图 4-34

选中"时间轴"面板中的多个素材，再将视频效果拖曳至素材上或双击视频效果，可将视频效果应用至选中的多个素材中。

4.3.2 调色效果

色彩是最具视觉冲击力的视觉元素，不同的色彩可以带来不同的心理感受。在制作短视频时，需要根据短视频的内容合理地调色，使色彩符合主题基调。Premiere提供多种调色效果，本节将对此进行介绍。

1."调整"效果组

"调整"效果组包括提取、色阶等4种效果，主要用于修复原始素材在曝光、色彩等方面的不足或制作特殊的色彩效果。图4-35和图4-36所示为色阶效果调整前后的对比。

图 4-35

图 4-36

- **提取：** 去除素材图像中的颜色，制作黑白影像的效果。
- **色阶：** 通过调整素材图像的RGB通道色阶，改变素材的显示效果。
- **ProcAmp：** 通过调节素材图像整体的亮度、对比度、饱和度等参数，改变素材的显示效果。
- **光照效果：** 模拟光照打在素材画面中的效果。

2. "颜色校正"效果组

"颜色校正"效果组包括亮度与对比度、Lumetri颜色等7种效果，主要用于帮助用户校正素材图像的颜色，使素材画面更加舒适。图4-37和图4-38所示为颜色平衡效果调整前后的对比。

图 4-37   图 4-38

- **ASC CDL：** 通过调整素材图像的红、绿、蓝参数及饱和度来校正素材颜色。
- **亮度与对比度：** 调整素材图像的亮度和对比度。
- **Lumetri颜色：** 综合性校正颜色的效果，添加该效果后，用户可以应用Lumetri Looks颜色分级引擎链接文件中的色彩校正预设项目校正图像色彩。除了添加"Lumetri颜色"效果外，用户还可以在"Lumetri颜色"面板中调整素材颜色。
- **广播颜色：** 调出用于广播级别，即电视输出的颜色。
- **色彩：** 将相等的图像灰度范围映射到指定的颜色，即在图像中将阴影映射到一个颜色，高光映射到另一个颜色，中间调映射到两个颜色之间。该效果类似于Photoshop软件中的"渐变映射"调整命令。
- **视频限制器：** 限制素材图像的亮度和颜色，使其满足广播级标准。
- **颜色平衡：** 分别调整素材图像阴影、中间调和高光中RGB颜色所占的量来调整图像色彩。

3. "过时"效果组

"过时"效果组包括Premiere软件旧版本中作用较好的、被保留下来的效果，其中RGB曲线、三向颜色校正器等均可用于调整素材颜色。图4-39和图4-40所示为颜色平衡（HLS）效果调整前后的对比。

- **RGB曲线：** 通过调节不同通道的曲线，设置素材图像的显示效果。
- **三向颜色校正器：** 通过色轮调整素材图像的阴影、高光和中间调等参数。
- **亮度曲线：** 通过调整曲线改变素材图像的亮度。
- **保留颜色：** 只保留素材图像中的一种颜色，从而突出主体。
- **通道混合器：** 调整RGB各通道的参数影响素材图像的显示效果。

● **颜色平衡（HLS）**：通过调整素材图像中的色相、亮度和饱和度等参数来调整图像色彩。

图 4-39

图 4-40

4."图像控制"效果组

"图像控制"效果组包括"颜色过滤""颜色替换"等4种效果，主要用于处理素材中的特定颜色，使素材呈现特殊效果。图4-41和图4-42所示为颜色过滤效果调整前后的对比。

图 4-41

图 4-42

● **颜色过滤**：过滤掉指定颜色之外的颜色，使其他颜色呈灰色显示。

● **颜色替换**：替换素材中指定的颜色，保持其他颜色不变。

● **灰度系数校正**：使图像变暗或变亮，而不改变图像亮部。

● **黑白**：去除素材图像的颜色，使其变为黑白图像。

> ⊖**注意事项** 随着软件版本的更新，部分效果的位置也有所调整，具体以使用的软件版本为准。

4.3.3 抠像效果

抠像是一种图像处理技术，是指通过特定的算法或工具识别并分离图像中的目标部分，以便进行后续的合成和处理。Premiere软件中可通过蒙版或"键控"效果组中的效果实现抠像操作。图4-43和图4-44所示为超级键效果调整前后的对比。

图 4-43

图 4-44

- **Alpha调整**：将上层图像中的Alpha通道设置为遮罩叠加效果。在透明背景素材上应用效果较为明显。
- **亮度键**：利用素材图像的亮暗对比，抠除图像的亮部或暗部，保留另一部分。
- **超级键**：指定图像中的颜色范围生成遮罩。
- **轨道遮罩键**：通过上层轨道中的图像遮罩当前轨道中的素材。
- **颜色键**：清除素材图像中指定的颜色。

4.3.4 其他常用效果

除了以上视频效果外，Premiere还包括很多视频效果。

- **"变换"效果组**：帮助用户变换素材对象，使素材产生翻转、裁剪、羽化边缘等效果。
- **"扭曲"效果组**：通过几何扭曲变形素材，使画面中的素材产生变形。
- **"模糊与锐化"效果组**：通过调节素材图像颜色间的差异，柔化图像或使其纹理更加清晰。
- **"生成"效果组**：在素材画面中添加渐变、镜头光晕等特殊的效果。
- **"视频"效果组**：在素材图像中添加简单的文本信息或调整图像亮度。
- **"透视"效果组**：帮助用户制作空间中透视的效果或添加素材投影。
- **"风格化"效果组**：艺术化地处理素材图像，使其形成独特的视觉效果。图4-45和图4-46所示为马赛克效果调整前后的对比。

图 4-45　　　　　　　　　　　　　　　图 4-46

 动手练 为视频内容"换脸"

绿幕是一种拍摄特技镜头的背景幕布，用于后期制作。用户可以通过视频效果将绿幕替换为其他内容。下面结合"超级键""边角定位"等视频效果替换计算机屏幕内容。

步骤01 新建项目和序列，并导入本章素材文件，如图4-47所示。

步骤02 将"电脑.mp4"素材拖曳至V2轨道上，将"代码.mp4"素材拖曳至V1轨道上，选中素材右击，在弹出的快捷菜单中执行"取消链接"命令取消音视频链接，删除音频，如图4-48所示。

步骤03 调整V1轨道素材持续时间与V2轨道素材一致，如图4-49所示。

步骤04 在"效果"面板中搜索"超级键"视频效果，拖曳至V2轨道素材上，在"效果控件"面板中使用"主要颜色"参数右侧的吸管工具在"节目"监视器面板计算机绿幕上单击吸取颜色，如图4-50所示。

图 4-47

图 4-48

图 4-49

图 4-50

步骤 05 此时"节目"监视器面板中的效果如图4-51所示。

步骤 06 在"效果"面板中搜索"边角定位"视频效果并拖曳至V1轨道素材上，在"效果控件"面板中设置参数，如图4-52所示。

图 4-51

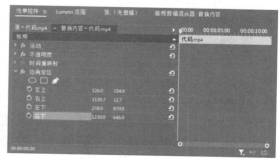

图 4-52

步骤 07 "节目"监视器面板中的效果如图4-53所示。

图 4-53

步骤 08 在"效果"面板中搜索"RGB曲线"视频效果，并拖曳至V2轨道素材上，在"效果控件"面板中设置绿色曲线参数，如图4-54所示。

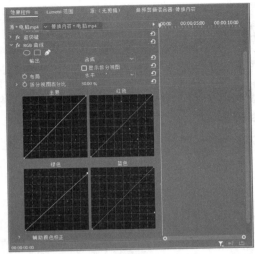

✅**知识点拨** "RGB曲线"效果可以去除面部反射的绿色。

图 4-54

步骤 09 移动播放指示器至00:00:07:04处，选择"创建椭圆形蒙版"工具 ⊙ 创建蒙版，如图4-55所示。

步骤 10 在"效果控件"面板中设置"蒙版羽化"为50，如图4-56所示。

图 4-55

图 4-56

步骤 11 在"节目"监视器面板中按空格键预览效果，如图4-57所示。

图 4-57

至此完成计算机屏幕内容的替换。

综合实战：制作新闻播放效果

影视剧中常常会使用绿幕素材，以便更好地进行抠图等操作。下面结合"超级键""偏移"等视频效果，制作新闻播放效果。

步骤 01 新建项目和序列，导入本章素材文件"新闻背景.mp4"和"打字.mov"，如图4-58所示。

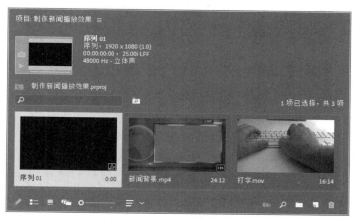

图 4-58

步骤 02 选择"新闻背景.mp4"素材，将其拖曳至"时间轴"面板中的V4轨道上，在打开的"剪辑不匹配警告"对话框中单击"保持现有设置"按钮，右击，在弹出的快捷菜单中执行"取消链接"命令，取消音视频链接并删除音频素材，如图4-59所示。

图 4-59

步骤 03 选择"打字.mov"素材，将其拖曳至"时间轴"面板中的V1轨道上。移动时间线至V1轨道素材末端，选择"剃刀工具" ，在V4轨道时间线处单击剪切素材，并删除第2段素材，如图4-60所示。

图 4-60

步骤04 在"效果"面板中搜索"超级键"视频效果，拖曳至V4轨道素材上，在"效果控件"面板中选择"超级键"效果中"主要颜色"参数右侧的"吸管工具" ，在"节目"监视器面板中绿色区域单击，去除绿幕，效果如图4-61所示。

图 4-61

步骤05 在"效果"面板中搜索"变换"视频效果，拖曳至V1轨道素材上，在"效果控件"面板中调整"位置"和"缩放"参数，将其缩小，在"节目"监视器面板中的预览效果如图4-62所示。

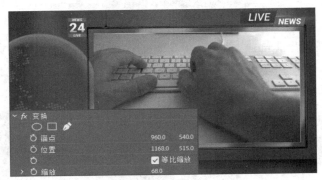

图 4-62

步骤06 移动时间线至起始处，在"基本图形"面板中单击"新建图层"按钮 ，在弹出的快捷菜单中执行"矩形"命令，新建矩形，使用"选择工具" 在"节目"监视器面板中调整矩形大小，在"基本图形"面板中设置其"填充"为黑色、"不透明度"为60%，效果如图4-63所示。

图 4-63

步骤 07 在"时间轴"面板中移动矩形素材至V2轨道上，并调整其持续时间与V1轨道素材一致，如图4-64所示。

图 4-64

步骤 08 取消选择素材。在"基本图形"面板中单击"新建图层"按钮，在弹出的快捷菜单中执行"文本"命令，新建文本图层，在"基本图形"面板中双击，使"节目"监视器面板中的文字进入可编辑状态，设置其"切换动画的比例"为60，输入文字，如图4-65所示。

图 4-65

步骤 09 在"时间轴"面板中移动文字素材至V3轨道上，并调整其持续时间与V1轨道素材一致，如图4-66所示。

图 4-66

步骤 10 在"效果"面板中搜索"偏移"视频效果，拖曳至V3轨道素材上。移动时间线至起始位置，在"效果控件"面板中单击"偏移"效果"将中心移位至"参数左侧的"切换动画"按钮，添加关键帧，并设置"将中心移位至"参数，此时"节目"监视器面板中的效果如图4-67所示。

图 4-67

步骤 11 移动"时间线"至素材末端，单击"将中心移位至"参数右侧的"重置参数"按钮，"将中心移位至"参数将恢复原始数值，并自动添加关键帧，此时"节目"监视器面板中的效果如图4-68所示。

图 4-68

步骤 12 至此，完成新闻播放效果的制作。移动时间线至初始位置，按空格键播放即可观看效果，如图4-69所示。

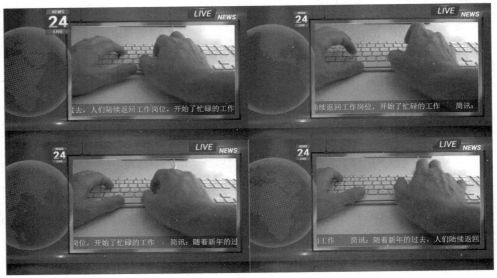

图 4-69

○A 新手答疑

1. Q: 什么是外挂视频特效? 常用的有哪些?

A: 外挂视频特效是指第三方提供的插件特效, 一般需要安装。用户可以通过安装使用不同的外挂视频特效制作出Premiere软件自身不易制作或无法实现的某些特效。常用的Premiere软件视频外挂效果包括红巨人调色插件、红巨星粒子插件、人像磨皮插件Beauty Box、蓝宝石特效插件系列GenArts Sapphire等, 用户可以根据需要安装不同的外挂视频特效。

2. Q: 在处理素材时, 想要遮挡部分商标怎么办?

A: 在Premiere软件中, 若想遮挡部分内容, 可以通过结合"马赛克"视频效果、关键帧及蒙版来实现。首先为遮挡内容所在的素材添加"马赛克"视频效果, 通过"效果控件"面板添加蒙版, 并对"蒙版路径"参数添加关键帧, 根据时间变化进行跟踪, 再对部分关键帧进行调整, 即可制作动态的遮挡效果。

3. Q: 若想制作从左至右画面逐渐消失的效果, 可以通过什么视频效果实现?

A: "裁剪"视频效果和"线性擦除"视频效果均可。

4. Q: 怎么将常用视频效果单放在一个组中?

A: 在"效果"面板中单击"新建自定义素材箱"按钮■, 在"效果"面板中新建素材箱, 将常用的效果拖曳至新建的素材箱中, 即可在素材箱中存放该效果的副本。若想删除自定义素材箱, 可以选中后单击"删除自定义项目"按钮■或按Delete键将其删除。

5. Q: 同一素材同一视频效果只能应用一次吗?

A: 并不是, 用户可以多次应用同一效果, 而每次使用不同设置, 可以制作出更加复杂华丽的效果。

6. Q: 怎么将一个素材上的效果复制到另一个素材上去?

A: 选中源素材, 在"效果控件"面板中选中要复制的效果, 右击, 在弹出的快捷菜单中执行"复制"命令, 选中目标素材, 在"效果控件"面板中右击, 在弹出的快捷菜单中执行"粘贴"命令即可复制选中的效果。如果效果包括关键帧, 这些关键帧将出现在目标素材中的对应位置, 从目标素材的起始位置算起。如果目标素材比源素材短, 将在超出目标素材出点的位置粘贴关键帧。

用户也可以在"时间轴"面板中选中源素材, 右击, 在弹出的快捷菜单中执行"复制"命令, 选中目标素材, 右击, 在弹出的快捷菜单中执行"粘贴属性"命令, 打开"粘贴属性"对话框选择要粘贴的属性, 单击"确定"按钮复制效果。

Premiere
After Effects
Audition

第 **5** 章

影视作品中
音频的简单处理

音频是影视作品的重要组成元素，在影视作品中起到烘托背景、传递情感、控制节奏等作用，它与视觉元素相辅相成，为观众带来丰富立体的观影体验。在影视后期制作中，创作者需要结合视频对声音进行处理，以创造良好的视听体验。

5.1 什么是音频

音频一般用于描述音频范围内和声音有关的设备及其作用，人类能听到的所有声音都称为音频。下面对音频的相关知识进行介绍。

5.1.1 音频基础知识

学习音频一定避不开赫兹、分贝、声道等名词，了解这些名词可以帮助用户理解音频中的各种操作。

（1）赫兹

赫兹（Hz）是国际单位制中频率的基本单位，在音频中指声音的频率单位，表示一秒内声波振动或完成一个完整周期的次数。人耳可以听到的频率范围为20～20000Hz。在Premiere软件中，用户可以通过滤波器、均衡等效果改变音频的频率内容。

（2）分贝

分贝为度量两个相同单位之数量比例的计量单位，在音频中主要用于度量声音强度，常用dB表示。在Premiere软件中，用户可以通过调整音量级别调整分贝。

（3）声道

声道指声音在录制或播放时在不同空间位置采集或回放的相互独立的音频信号，所以声道数也就是声音录制时的音源数量或回放时相应的扬声器数量。声道可以分为单声道、立体声、环绕声等多种类型。其中单声道只有一个声道，缺乏对声音的位置定位；立体声一般包含左右两个声道，起到了很好的声音定位效果，在目前应用较为广泛；环绕声则包含了更多的声道，如5.1声道就包括前置左/右声道、中央声道、后置左/右环绕声道以及一个低频效果（LFE）声道，该类型声道提供更加细腻的声音定位，使观众获得沉浸式体验。

5.1.2 影视作品中音频的作用

音频是影视作品中极为重要的部分，极大程度上影响着观众的体验，其作用具体如下。

- **推进情节：** 对白、旁白和音效在影视作品中可以直接传达剧情、推进情节发展，同时可以增强作品的真实感，使观众更易沉浸在情节中。
- **烘托氛围：** 影片中的音乐可用于烘托氛围，同时还可以通过不同的音乐引导观众的情绪，加深他们对某些场景的印象。
- **控制节奏：** 音频的节奏变化一般与画面紧密配合，形成视听同步的效果。
- **深化主题：** 影视作品中的主题曲一般会在作品的关键部位多次出现，具有深化主题、加强记忆的功能。

5.2 音频效果的应用

Premiere软件中包括多种音频效果，通过这些效果可以处理音频，使其符合制作需要，本节将对常用的音频效果进行介绍。

5.2.1 振幅与压限

"振幅与压限"音频效果组包括10种音频效果。该组音频效果可以对音频的振幅进行处理，避免出现较低或较高的声音。

1. 动态

"动态"音频效果可以控制一定范围内音频信号的增强或减弱。该效果包括四部分：自动门、压缩程序、扩展器和限幅器。添加该音频效果后，在"效果控件"面板中单击"编辑"按钮，即可打开"剪辑效果编辑器-动态"对话框进行设置，如图5-1所示。

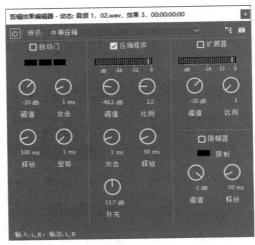

图 5-1

该对话框中各区域作用如下。

- **自动门**：用于删除低于特定振幅阈值的噪声。其中，"阈值"参数可以设置指定效果器的上限或下限值；"攻击"参数可以指定检测到达到阈值的信号多久启动效果器；"释放"参数可以设置指定效果器的工作时间。
- **压缩程序**：用于通过衰减超过特定阈值的音频来减少音频信号的动态范围。其中，"攻击"和"释放"参数更改临时行为时，"比例"参数可以控制动态范围中的压缩程度；"补充"参数可以补偿音频电平。
- **扩展器**：通过衰减低于指定阈值的音频来增加音频信号的动态范围。"比例"参数可以用于控制动态范围的压缩程度。
- **限幅器**：用于衰减超过指定阈值的音频。信号受到限制时，表 LED█ 限制会亮起。

2. 动态处理

"动态处理"音频效果可用作压缩器、限幅器或扩展器。作为压缩器和限制器时，它可减少动态范围，产生一致的音量；作为扩展器时，它通过减小低电平信号的电平来增加动态范围。添加该音频效果后，在"效果控件"面板中单击"编辑"按钮，即可打开"剪辑效果编辑器-动态处理"对话框进行设置，该对话框中包括"动态"和"设置"两个选项卡，如图5-2和图5-3所示。

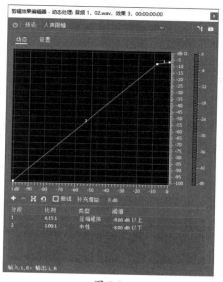

图 5-2

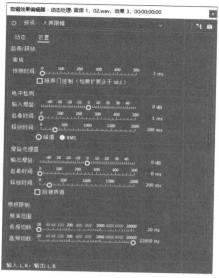

图 5-3

"预设"下拉列表中包括预设的动态处理设置，用户可以直接选择，也可以在"动态"选项卡中通过调整图形处理音频；在"设置"选项卡中，用户可以提供总体的音频设置，也可以检测振幅并进行处理。

3. 单频段压缩器

"单频段压缩器"音频效果可减少动态范围，从而产生一致的音量并提高感知响度。该效果常作用于画外音，以便在音乐音轨和背景音频中突显语音。

4. 增幅

"增幅"音频效果可增强或减弱音频信号。该效果实时起效，用户可以结合其他音频效果一起使用。

5. 多频段压缩器

"多频段压缩器"音频效果可单独压缩四种不同的频段，每个频段通常包含唯一的动态内容，常用于处理音频母带。添加该音频效果后，在"效果控件"面板中单击"编辑"按钮，即可打开"剪辑效果编辑器-多频段压缩器"对话框进行设置，如图5-4所示。

该对话框中部分选项作用如下。

- **独奏 S：** 单击该按钮，只能听到当前频段。
- **阈值：** 用于设置启用压缩的输入电平。若想仅压缩极端峰值并保留更大动态范围，阈值需低于峰值输入电平5dB左右；若想高度压缩音频并大幅减小动态范围，阈值需低于峰值输入电平15dB左右。

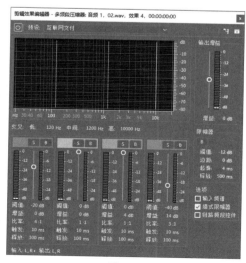

图 5-4

- **增益**：用于压缩之后增强或消减振幅。
- **输出增益**：用于压缩之后增强或削减整体输出电平。
- **限幅器**：用于输出增益后在信号路径的末尾应用限制，优化整体电平。
- **输入频谱**：勾选该复选框，将在多频段图形中显示输入信号的频谱，而不是输出信号的频谱。
- **墙式限幅器**：勾选该复选框，将在当前阈度设置应用即时强制限幅。
- **链路频段控件**：勾选该复选框，将全局调整所有频段的压缩设置，同时保留各频段间的相对差异。

6. 强制限幅

"强制限幅"音频效果可以减弱高于指定阈值的音频。该效果可提高整体音量同时避免扭曲。

7. 消除齿音

"消除齿音"音频效果可去除齿音和其他高频"嘶嘶"类型的声音。

8. 电子管建模压缩器

"电子管建模压缩器"音频效果可添加使音频增色的微妙扭曲，模拟复古硬件压缩器的温暖感觉。

9. 通道混合器

"通道混合器"音频效果可以改变立体声或环绕声道的平衡。

10. 通道音量

"通道音量"音频效果可以独立控制立体声或5.1声道剪辑或轨道中每条声道的音量。

5.2.2 延迟与回声

"延迟与回声"音频效果组包括3种音频效果。该组音频效果可以制作回声的效果，使声音更加饱满有层次。

1. 多功能延迟

"多功能延迟"音频效果可以制作延迟音效的回声效果，适用于5.1声道、立体声或单声道剪辑。添加该效果后，用户可以在"效果控件"面板中设置最多4个回声效果。

2. 延迟

"延迟"音频效果可以生成单一回声，用户可以制作指定时间后播放的回声效果。35ms或更长时间的延迟可产生不连续的回声；15～34ms的延迟可产生简单的和声或镶边效果。

3. 模拟延迟

"模拟延迟"音频效果可以模拟老式延迟装置的温暖声音特性，制作缓慢的回声效果。添加该效果后，在"效果控件"面板中单击"编辑"按钮，即可打开"剪辑效果编辑器-模拟延迟"对话框，如图5-5所示。

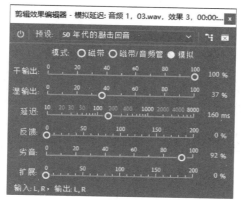

图 5-5

该对话框中部分选项作用如下。

- **预设**：该下拉列表中包括多种Premiere软件预设的效果，用户可以直接选择进行应用。
- **干输出**：用于确定原始未处理音频的电平。
- **湿输出**：用于确定延迟的、经过处理的音频的电平。
- **延迟**：用于设置延迟的长度。
- **反馈**：用于通过延迟线重新发送延迟的音频来创建重复回声。数值越高，回声强度增长越快。
- **劣音**：用于增加扭曲并提高低频，增加温暖度的效果。

动手练 制作山谷回音效果

音频在影视文件中起着至关重要的作用，用户可以通过Premiere软件处理音频，使其满足影视作品的需要。下面结合"模拟延迟"音频效果，制作山谷回音的效果。

步骤 01 新建项目，导入本章素材文件"你好.wav"，并将其拖曳至"时间轴"面板，软件将根据素材自动创建序列，如图5-6所示。

步骤 02 在"效果"面板中搜索"模拟延迟"音频效果，拖曳至"时间轴"面板中A1轨道素材上，在"效果控件"面板中单击"编辑"按钮，打开"剪辑效果编辑器-模拟延迟"对话框，在"预设"下拉列表中选择"峡谷回声"选项，并设置"延迟"参数为600，如图5-7所示。

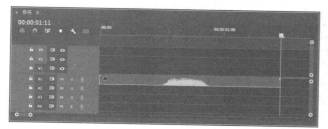

图 5-6

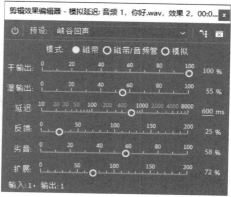

图 5-7

步骤 03 关闭"剪辑效果编辑器-模拟延迟"对话框，在"效果控件"面板中设置"音量"效果中"级别"参数为"6.0dB"，提高音量，如图5-8所示。

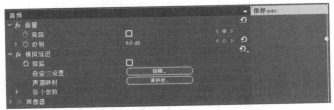

图 5-8

至此，完成山谷回音效果的制作。移动时间线至起始位置，按空格键播放即可听到回声效果。

5.2.3 滤波器和EQ

"滤波器和EQ"音频效果组包括14种音频效果。该组音频效果可以过滤掉音频中的某些频率，得到更加纯净的音频。

1. FFT 滤波器

"FFT滤波器"音频效果可以轻松绘制用于抑制或增强特定频率的曲线或陷波。

2. 低通

"低通"音频效果可以消除高于指定频率界限的频率，使音频产生浑厚的低音音场效果。该效果适用于5.1声道、立体声或单声道剪辑。

3. 低音

"低音"音频效果可以增大或减小低频（200Hz及以下），适用于5.1声道、立体声或单声道剪辑。

4. 参数均衡器

"参数均衡器"音频效果可以最大程度地控制音调均衡。添加该效果后，在"效果控件"面板中单击"编辑"按钮，即可打开"剪辑效果编辑器-参数均衡器"对话框，如图5-9所示。用户可以在该对话框中全面控制音频的频率、EQ和增益设置。

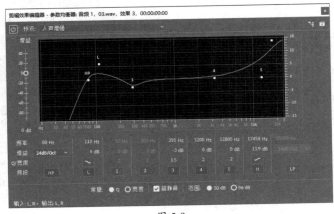

图 5-9

5. 图形均衡器（10段）/（20段）/（30段）

"图形均衡器"音频效果可以增强或消减特定频段，并直观地表示生成的EQ曲线。在使用时，用户可以选择不同频段的"图形均衡器"音频效果进行添加。其中，"图形均衡器（10段）"音频效果频段最少，调整最快；"图形均衡器（30段）"音频效果频段最多，调整最精细。

6. 带通

"带通"音频效果移除在指定范围外发生的频率或频段。该效果适用于5.1声道、立体声或单声道剪辑。

7. 科学滤波器

"科学滤波器"音频效果对音频进行高级操作。添加该效果后，在"效果控件"面板中单击"编辑"按钮，即可打开"剪辑效果编辑器-科学滤波器"对话框，如图5-10所示。

8. 简单的参数均衡

"简单的参数均衡"音频效果可以在一定范围内均衡音调。添加该效果后，用户可以在"效果控件"面板中设置位于指定范围中心的频率、要保留频段的宽度等参数。

9. 简单的陷波滤波器

"简单的陷波滤波器"音频效果可以阻碍频率信号。

10. 陷波滤波器

"陷波滤波器"音频效果可以去除最多6个设定的音频频段，且保持周围频率不变。添加该效果后，在"效果控件"面板中单击"编辑"按钮，即可打开"剪辑效果编辑器-陷波滤波器"对话框，如图5-11所示。用户可以在该对话框中对每个陷波的频率、振幅、频率范围等进行设置。

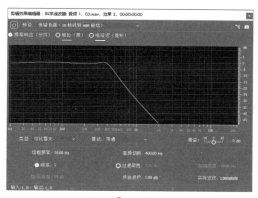

图 5-10

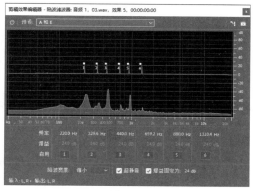

图 5-11

11. 高通

"高通"音频效果与"低通"音频效果作用相反，该效果可以消除低于指定频率界限的频率，适用于5.1声道、立体声或单声道剪辑。

12. 高音

"高音"音频效果可以增高或降低高频（4000Hz及以上），适用于5.1声道、立体声或单声道剪辑。

5.2.4 调制

"调制"音频效果组包括3种音频效果。该组音频效果可以通过混合音频效果或移动音频信号的相位来改变声音。

1. 和声/镶边

和声/镶边音频效果可以模拟多个音频的混合效果，增强人声音轨或为单声道音频添加立体声空间感。添加该效果后，在"效果控件"面板中单击"编辑"按钮，即可打开"剪辑效果编辑器-和声/镶边"对话框，如图5-12所示。

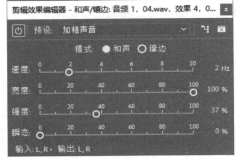

图 5-12

该对话框中部分选项作用如下。

- **模式**：用于设置模式，包括"和声"和"镶边"两个选项。其中，"和声"可以模拟同时播放多个语音或乐器的效果；"镶边"可以模拟最初在打击乐中听到的延迟相移声音。
- **速度**：用于控制延迟时间循环从零到最大设置的速率。
- **宽度**：用于指定最大延迟量。
- **强度**：用于控制原始音频与处理后音频的比率。
- **瞬态**：强调瞬时，提供更锐利、更清晰的声音。

2. 移相器

"移相器"音频效果类似于"镶边"，该效果可以移动音频信号的相位，并将其与原始信号重新合并，制作出20世纪60年代的打击乐效果。

✅ **知识点拨** "移相器"音频效果可以显著改变立体声声像，创造超自然的声音。

3. 镶边

"镶边"音频效果可以通过以特定或随机间隔略微对信号进行延迟和相位调整来创建类似于20世纪60年代和20世纪70年代打击乐的音频，该效果是通过混合与原始信号大致等比例的可变短时间延迟产生的。

5.2.5 降杂/恢复

"降杂/恢复"音频效果组包括4种音频效果。该组音频效果可以去除音频中的杂音，使音频更加纯净。

- **减少混响**：消除混响曲线并辅助调整混响量。
- **消除嗡嗡声**：去除窄频段及其谐波。常用于处理照明设备和电子设备电线发出的"嗡嗡"声。

- **自动咔嗒声移除:** 去除音频中的"咔嗒"声或静电噪声。
- **降噪:** 降低或完全去除音频文件中的噪声。

动手练 去除影视作品中的环境噪声

在现场收音时，受限于环境常常会出现一些杂音，Premiere中的"降杂/恢复"音频效果组中的音频效果很好地解决了这一问题。下面利用该组中的"降噪"效果去除音频中的噪声。

步骤01 新建项目和序列，导入本章素材文件，如图5-13所示。

步骤02 将图像素材拖曳至V1轨道上，将音频素材拖曳至A1轨道上，并调整图像素材持续时间与音频一致，如图5-14所示。

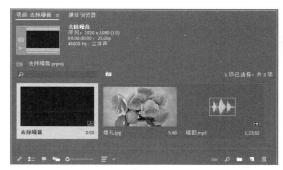

图 5-13

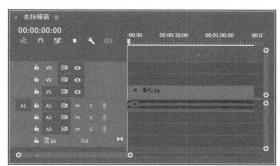

图 5-14

步骤03 在"效果"面板中搜索"降噪"音频效果，拖曳至A1面板轨道上，在"效果控件"面板中单击"编辑"按钮，打开"剪辑效果编辑器-降噪"对话框，选择"强降噪"预设，如图5-15所示。

步骤04 完成后关闭该对话框，按空格键预览播放即可。

至此就完成了去除噪声的操作。

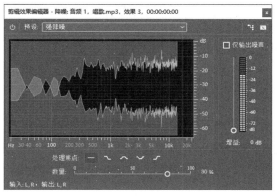

图 5-15

5.2.6 混响

"混响"音频效果组包括3种音频效果。该组音频效果可以为音频添加混响，模拟声音反射的效果。

1. 卷积混响

"卷积混响"音频效果可以基于卷积的混响使用脉冲文件模拟声学空间，使之如同在原始环境中录制一般真实。添加该效果后，在"效果控件"面板中单击"编辑"按钮，即可打开"剪辑效果编辑器-卷积混响"对话框，如图5-16所示。

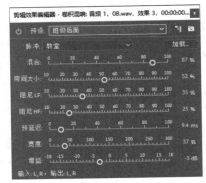

图 5-16

该对话框中部分选项作用如下。

● **预设**：该下拉列表中包括多种Premiere预设的设置，用户可以直接选择应用。

● **脉冲**：用于指定模拟声学空间的文件。单击"加载"按钮可以添加自定义的脉冲文件。

● **混合**：用于设置原始声音与混响声音的比率。

● **房间大小**：用于设置由脉冲文件定义的完整空间的百分比，数值越大，混响时间越长。

● **阻尼LF**：用于减少混响中的低频重低音分量，避免模糊，产生更清晰的声音。

● **阻尼HF**：用于减少混响中的高频瞬时分量，避免刺耳声音，产生更温暖、更生动的声音。

● **预延迟**：用于确定混响形成最大振幅所需的毫秒数。数值较低时声音比较自然；数值较高时可产生有趣的特殊效果。

2. 室内混响

"室内混响"音频效果可以模拟室内空间演奏音频的效果。与其他混响效果相比，该效果速度更快，占用的处理器资源也更低。

3. 环绕声混响

"环绕声混响"音频效果可模拟声音在室内声学空间中的效果和氛围，常用于5.1声道音源，也可为单声道或立体声音源提供环绕声环境。

5.2.7 特殊效果

"特殊效果"音频效果组包括12种音频效果。该组音频效果常用于制作一些特殊的效果，如交换左右声道、模拟汽车音箱爆裂声音等。

1. Binauralizer-Ambisonics

Binauralizer-Ambisonics音频效果仅适用于5.1声道剪辑，该效果可以与全景视频相结合，创建出身临其境的效果。

2. Loudness Radar

Loudness Radar即"雷达响度计"，该音频效果可以测量剪辑、轨道或序列中的音频级别，帮助用户控制声音的音量，以满足广播电视要求。添加该效果后，在"效果控件"面板中单击"编辑"按钮，即可打开"剪辑效果编辑器-Loudness Radar"对话框，如图5-17所示。

在"剪辑效果编辑器-Loudness Radar"对话框中，播放声音时若出现较多黄色区域，就表示音量偏高；仅出现蓝色区域表示音量偏低。一般来说，需要将响度保持在雷达的绿色区域中，才可满足要求。

3. Panner-Ambisonics

Panner-Ambisonics音频效果仅适用于5.1声道，一般与一些沉浸式视频效果同时使用。

4. 互换声道

"互换声道"音频效果仅适用于立体声剪辑，GIA效果可以交换左右声道信息的位置。

5. 人声增强

"人声增强"音频效果可以增强人声，改善旁白录音质量。

6. 反转

"反转"音频效果可以反转所有声道的相位，适用于5.1声道、立体声或单声道剪辑。

7. 吉他套件

"吉他套件"音频效果将应用一系列可以优化和改变吉他音轨声音的处理器，模拟吉他弹奏的效果，使音频更具有表现力。添加该效果后，在"效果控件"面板中单击"编辑"按钮，即可打开"剪辑效果编辑器-吉他套件"对话框，如图5-18所示。

图 5-17

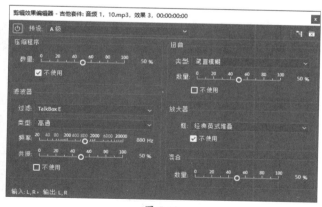

图 5-18

该对话框中部分选项作用如下。

- **压缩程序**：用于减少动态范围以保持一致的振幅，并帮助在混合音频中突出吉他音轨。
- **扭曲**：用于增加可经常在吉他独奏中听到的声音边缘。
- **放大器**：用于模拟吉他手用来创造独特音调的各种放大器和扬声器组合。

8. 响度计

"响度计"音频效果可以直观地为整个混音、单个音轨或总音轨和子混音测量项目响度。

要注意的是，响度计不会更改音频电平，它仅提供响度的精确测量值，以便用户更改音频响度级别。

9. 扭曲

"扭曲"音频效果可以将少量砾石和饱和效果应用于任何音频，从而模拟汽车音箱的爆裂效果、压抑的麦克风效果或过载放大器效果。

10. 母带处理

"母带处理"音频效果可以优化特定介质音频文件的完整过程。

11. 用右侧填充左侧

"用右侧填充左侧"音频效果可以复制音频剪辑的左声道信息，并将其放置在右声道中，丢弃原始剪辑的右声道信息。

12. 用左侧填充右侧

"用左侧填充右侧"音频效果可以复制音频剪辑的右声道信息，并将其放置在左声道中，丢弃原始剪辑的左声道信息。

5.3 音频的编辑

音频效果的添加结合关键帧、音频过渡效果等，可以使音频更加适配。本节将对此进行介绍。

5.3.1 音频关键帧

音频关键帧可以制作出声音变化的效果，使听觉元素更加丰富。用户可以选择在"时间轴"面板中或"效果控件"面板中添加音频关键帧。下面针对不同的方式进行介绍。

1. 在"时间轴"面板中添加音频关键帧

若想在"时间轴"面板中添加音频关键帧，需要先将音频轨道展开，双击音频轨道前的空白处即可，如图5-19所示。再次双击该空白处可折叠音频轨道。

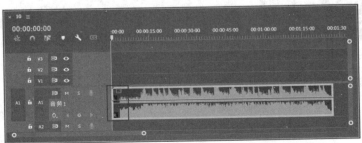

图 5-19

在展开的音频轨道中单击"添加-移除关键帧"按钮 ，即可添加或删除音频关键帧。添加音频关键帧后，可通过"选择工具"按钮 移动其位置，从而改变音频效果，如图5-20所示。

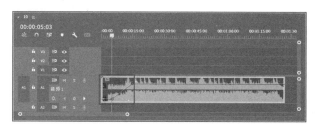

图 5-20

⓿注意事项 用户还可以按住Ctrl键单击创建关键帧，再对其进行调整，从而提高或降低音量。按住Ctrl键靠近已有的关键帧后，待光标变为█状时按住鼠标左键拖动可创建更为平滑的变化效果，如图5-21所示。

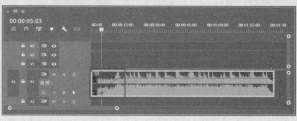

图 5-21

2. 在"效果控件"面板中添加音频关键帧

在"效果控件"面板中添加音频关键帧的方式与创建视频关键帧的方式类似。选择"时间轴"面板中的音频素材后，在"效果控件"面板中单击"级别"参数左侧的"切换动画"按钮 ⓞ，即可在时间线当前位置添加关键帧，移动时间线，调整参数或单击"添加/移除关键帧"按钮 ⓞ，可继续添加关键帧，如图5-22所示。

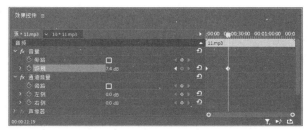

图 5-22

用户还可以分别设置"左侧"参数和"右侧"参数的关键帧，制作特殊的左右声道效果。

5.3.2 音频持续时间

音频持续时间的调整与其他素材基本一致，选中音频素材右击，在弹出的快捷菜单中执行"速度/持续时间"命令，打开"剪辑速度/持续时间"对话框，如图5-23所示。在该对话框中设置参数即可调整音视频素材的持续时间。要注意的是，调整音频持续时间时一般要勾选"保持音频音调"复选框，以避免音调改变。

图 5-23

5.3.3 音频过渡效果

添加音频过渡效果可以使音频的进出更加自然。在Premiere软件中，包括3种音频过渡效果："恒定功率""恒定增益"和"指数淡化"。这3种音频效果都可以制作音频交叉淡化的效果，具体的作用介绍如下。

- **恒定功率**：创建类似于视频剪辑之间的溶解过渡效果的平滑渐变的过渡。应用该音频过渡效果首先会缓慢降低第一个剪辑的音频，然后快速接近过渡的末端。对于第二个剪辑，此交叉淡化首先快速增加音频，然后更缓慢地接近过渡的末端。
- **恒定增益**：在剪辑之间过渡时将以恒定速率更改音频进出，但听起来会比较生硬。
- **指数淡化**：淡出位于平滑的对数曲线上方的第一个剪辑，同时自下而上淡入同样位于平滑对数曲线上方的第二个剪辑。通过从"对齐"控件菜单中选择一个选项，可以指定过渡的定位。

添加音频过渡效果后，选择"时间轴"面板中添加的过渡效果，可以在"效果控件"面板中设置其持续时间、对齐等参数。

动手练 **制作打字效果**

对大部分影视作品来说，带有声音的影片总是格外吸引人的。本节将结合音频的相关知识，介绍如何制作打字效果并添加音效。

步骤 01 打开本章素材文件"制作打字效果素材.prproj"，在"节目"监视器面板中的预览效果如图5-24所示。

图 5-24

步骤 02 在"项目"面板中选中"打字.mp3"素材，拖曳至"时间轴"面板中的A1轨道上，如图5-25所示。

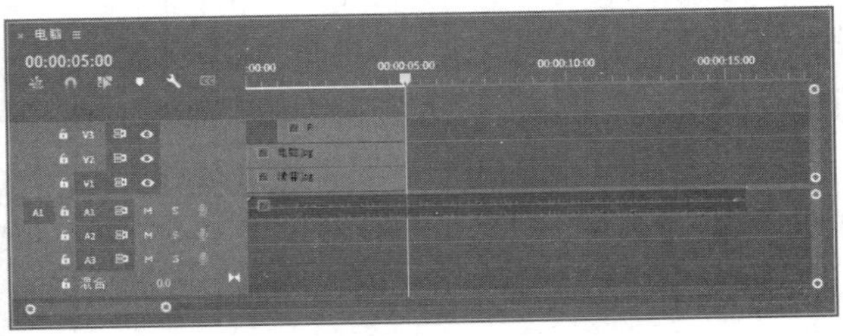

图 5-25

步骤 03 移动时间线至00:00:01:00处，使用"剃刀工具" 在A1轨道中时间线处单击剪切音频素材，移动时间线至00:00:04:00处，使用"剃刀工具" 在A1轨道上时间线处单击剪切音频素材，删除A1轨道上的第1段和第3段素材，如图5-26所示。

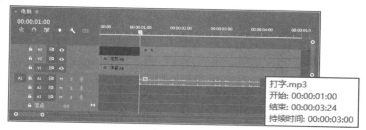

图 5-26

步骤 04 在"项目"面板中选中"伴奏.mp3"素材，拖曳至"时间轴"面板中的A2轨道上，如图5-27所示。

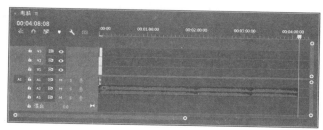

图 5-27

步骤 05 移动时间线至00:00:03:01处，使用"剃刀工具" 在A2轨道上时间线处单击剪切音频素材，选中A2轨道上第1段音频素材，按Delete键删除，并移动第2段素材至起始处，如图5-28所示。

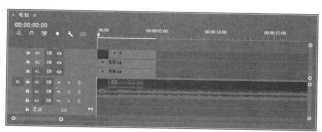

图 5-28

步骤 06 移动时间线至00:00:05:00处，使用"剃刀工具" 在A2轨道上时间线处单击剪切音频素材，并删除右半部分音频素材，如图5-29所示。

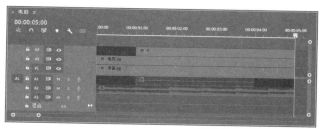

图 5-29

步骤 07 选中A2轨道上的音频素材，在"效果控件"面板中设置其"音量"效果"级别"参数为"−10.0dB"，如图5-30所示。

图 5-30

步骤 08 在"效果"面板中搜索"指数淡化"音频过渡效果，拖曳至A2轨道素材起始处，搜索"恒定增益"音频过渡效果，拖曳至A2轨道素材末端，如图5-31所示。

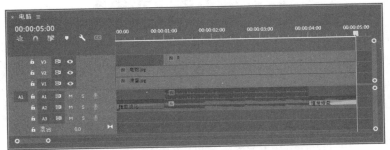

图 5-31

至此就完成了打字效果的制作。移动时间线至起始位置，按空格键播放即可听到打字效果。

综合实战：制作唯美短视频效果

音频配合视频，可以带给观众完美的视听体验，使观众对视频的内容更加深刻。下面结合音频相关知识和视频相关知识，介绍如何制作唯美短视频效果。

步骤 01 新建项目和序列，导入本章素材文件"水.mp4""配乐.m4a""鸟.mp4"和"求婚.mp4"，如图5-32所示。

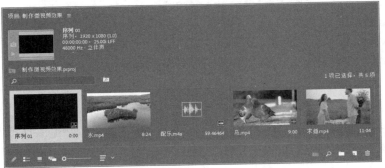

图 5-32

步骤 02 选择"鸟.mp4""水.mp4"和"求婚.mp4"素材，拖曳至"时间轴"面板中的V1轨道上，在打开的"剪辑不匹配警告"对话框中单击"保持现有设置"按钮，将素材放置在V1轨道上。选中V1轨道上的3段素材，右击，在弹出的快捷菜单中执行"缩放为帧大小"命令，调整素材大小。再次右击，在弹出的快捷菜单中执行"取消链接"命令，取消音视频链接并删除音频素材，如图5-33所示。

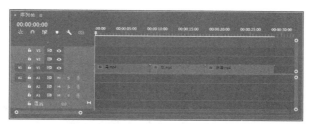

图 5-33

步骤 03 选中V1轨道上的第1段和第2段素材，右击，在弹出的快捷菜单中执行"速度/持续时间"命令，打开"剪辑速度/持续时间"对话框，设置"持续时间"为5s，勾选"波纹编辑，移动尾部剪辑"复选框，单击"确定"按钮，调整第1段素材和第2段素材的持续时间均为5s，如图5-34所示。

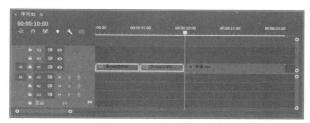

图 5-34

步骤 04 使用相同的方法，调整第3段素材持续时间为10s，如图5-35所示。

图 5-35

步骤 05 移动时间线至00:00:00:00处，单击"基本图形"面板中的"新建图层"按钮 🗋，在弹出的快捷菜单中执行"文本"命令，双击文本图层，在"基本图形"面板中设置"字体"为"庞门正道粗书体"、"填充"为白色，并设置"阴影"参数，设置完成后在"节目"监视器面板中输入文字，使用"选择工具" ▶选择并移动至合适位置，如图5-36所示。

图 5-36

步骤06 在"时间轴"面板中选中V2轨道上出现的文字素材，按住Alt键向后拖曳复制，如图5-37所示。

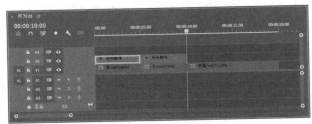

图 5-37

步骤07 选择V2轨道上的第2段文字素材，使用"选择工具" ▶ 在"节目"监视器面板中双击并修改文字内容，移动文字至合适位置，如图5-38所示。

图 5-38

步骤08 使用相同的方法继续复制并修改文字，如图5-39和图5-40所示。

图 5-39

图 5-40

步骤09 在"效果"面板中搜索"交叉溶解"视频过渡效果,拖曳至素材的始末处与连接处,如图5-41所示。

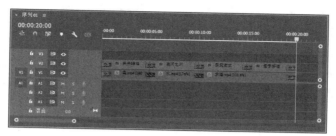

图 5-41

步骤10 在"项目"面板中选中"配乐.m4a"素材,拖曳至A1轨道上,如图5-42所示。

图 5-42

步骤11 移动时间线至00:00:03:04处,使用"剃刀工具"在A1轨道上时间线处单击剪切音频素材,删除第1段音频素材,移动第2段素材至起始处,如图5-43所示。

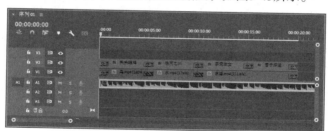

图 5-43

步骤12 移动时间线至00:00:20:06处,再次剪切音频素材并删除右半部分,如图5-44所示。

图 5-44

步骤13 选中A1轨道上的音频素材,右击,在弹出的快捷菜单中执行"速度/持续时间"命令,打开"剪辑速度/持续时间"对话框,设置持续时间为20s,勾选"保持音频音调"复选框,完成后单击"确定"按钮,调整音频素材持续时间,如图5-45所示。

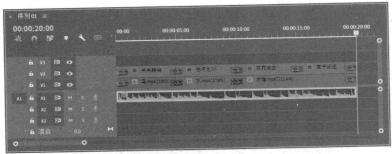

图 5-45

步骤14 选中A1轨道上的音频素材，在"效果控件"面板中设置其"音量"效果"级别"参数为"-6.0dB"，如图5-46所示。

图 5-46

步骤15 在"效果"面板中搜索"指数淡化"音频过渡效果，拖曳至A1轨道素材起始处和末端，如图5-47所示。

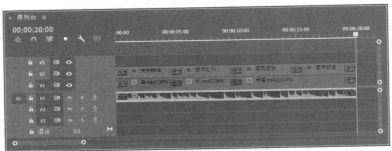

图 5-47

步骤16 至此，完成唯美短视频效果的制作。移动时间线至起始位置，按空格键播放即可观看效果，如图5-48所示。

图 5-48

新手答疑

1. Q: 什么是单声道、立体声和 5.1 声道?

A: 单声道只包含一个音轨,人在接收单声道信息时,只能感受到声音的前后位置及音色、音量的大小,而不能感受到声音从左到右等横向的移动;立体声指具有立体感的声音,它可以在一定程度上恢复原声的空间感,使听者直接听到具有方位层次等空间分布特性的声音。与单声道相比,立体声更贴近真实的声音。5.1声道是指具有六声道环绕声的声音,其不仅让人感受到音源的方向感,且伴有一种被声音围绕、包围以及声源向四周远离扩散的感觉,增强了声音的纵深感、临场感和空间感。

2. Q: 在 Premiere 软件中,5.1 声道包含哪些声道?

A: 3条前置音频声道(左声道、中置声道、右声道);2条后置或环绕音频声道(左声道和右声道);通向低音炮扬声器的低频效果(LFE)音频声道。

3. Q: 如何查看音频数据?

A: Premiere为相同音频数据提供了多个视图。将轨道显示设置为"显示轨道关键帧"或"显示轨道音量",即可在音频轨道混合器或"时间轴"面板中查看和编辑轨道或剪辑的音量或效果值。其中,"时间轴"面板中的音轨包含波形,其为剪辑音频和时间之间关系的可视化表示形式。波形的高度显示音频的振幅(响度或静音程度),波形越大,音频音量越大。

4. Q: 播放音频素材时,"音频仪表"面板中有时会显示红色,为什么?

A: 将音频素材插入"时间轴"面板中后,在"音频仪表"面板中可以观察到音量变化,播放音频素材时,"音频仪表"面板中的两个柱状将随音量变化而变化,若音频音量超出安全范围,柱状顶端将显示红色。用户可以通过调整"音频增益"降低音量来避免这一情况。

5. Q: 怎么临时将轨道静音?

A: 若想将轨道临时静音,可以单击"时间轴"面板中的"静音轨道"按钮 M;若想仅播放某一轨道,将其他轨道静音,可以单击"时间轴"面板中的"独奏轨道"按钮 S。用户也可以通过"音频轨道混合器"实现这一效果。

Premiere

After Effects

Audition

第 **6** 章

After Effects
视频特效入门

After Effects是一款专业的影视后期制作软件，多用于合成视频和制作视频特效，可以帮助用户创建动态图形和精彩的视觉效果。本章将对After Effects的基础知识进行介绍，以帮助读者快速了解After Effects。

6.1 AE功能与界面

After Effects（简称AE）是Adobe公司旗下的一款图形视频处理软件，多用于在后期添加特效或修改场景，是影视后期制作领域的实用软件。本节将对After Effects软件进行介绍。

6.1.1 功能概览

After Effects具备特效制作、动画制作、合成技术、文本动画等多种实用功能，在影视后期制作中扮演着至关重要的角色，下面对After Effects的常用功能进行介绍。

- **视觉特效**：After Effects软件内置了大量的视觉特效预设及效果，如模糊、扭曲、光照效果等，用户可以自定义参数或通过第三方插件创建独特的视觉效果。
- **动画制作**：After Effects支持用户创建、编辑2D和3D动画，包括关键帧动画、路径动画和表达式动画等，通过设计图像、文本、形状等元素的运动制作精密复杂的动画效果。
- **合成技术**：After Effects具备强大的合成功能，可以将多个图像、视频和音频层合并到一个复合图层中，同时支持透明度、蒙版、混合模式等高级合成技术。
- **文本动画**：After Effects的文本工具支持创建各种风格的标题和字幕，还可以通过动画控制器将其动画化，制作出精彩的文本效果。
- **3D空间效果**：After Effects支持在3D空间中工作，用户可以创建和编辑3D对象、摄像机、灯光等，制作丰富的立体视觉效果。
- **运动跟踪**：After Effects具备先进的运动跟踪技术，可以从视频中识别并自动跟踪物体的运动。

6.1.2 工作界面

After Effects工作界面是用户进行影视后期制作的主要场所，界面简洁明了、便于操作，备受用户青睐。After Effects的工作界面主要由菜单栏、工具栏、"项目"面板、"合成"面板、"时间轴"面板以及各类其他面板组成，如图6-1所示。

图 6-1

1. 菜单栏

菜单栏几乎是所有软件的重要界面元素之一，它包含了软件全部的功能命令。After Effects 为用户提供了"文件""编辑""合成""图层""效果""动画""视图""窗口"以及"帮助"9 项菜单。

2. 工具栏

工具栏为用户提供了一些经常使用的工具按钮，包括"主页""选取工具""手形工具""缩放工具""旋转工具""形状工具""钢笔工具""文字工具"等。其中部分工具图标含有多重工具选项，在其图标右下角含有一个小三角形，单击并按住鼠标左键不放即可看到隐藏的工具，如图6-2所示。

3. "项目"面板

After Effects中的所有素材文件、合成文件以及文件夹都可以在"项目"面板中找到，面板上方为素材的信息栏，包括名称、类型、大小、媒体持续时间、文件路径等；面板下方则可以通过右击进行新建合成、新建文件夹等操作，也可以显示或存放项目中的素材或合成。

当单击某一个素材或合成文件时，可以在"项目"面板上方看到其缩略图和属性。在"项目"面板下方的空白处右击，在弹出的快捷菜单中可以执行"新建"以及"导入"操作，如图6-3所示。

图 6-2   图 6-3

4. "合成"面板

"合成"面板用于显示当前合成的画面效果，该面板不仅具有预览功能，还具有控制、操作、管理素材、缩放窗口比例等功能，用户可以直接在该面板上对素材进行编辑。该面板是 After Effects软件操作过程中非常重要的窗口之一。

5. "时间轴"面板

"时间轴"面板既可以精确设置合成中各种素材的位置、时间、特效和属性等，进行影片的合成，也可以进行图层的顺序调整和关键帧动画的制作。

6. 其他面板

工作界面中还有一些面板存在于工作界面右侧，如"效果和预设"面板、"音频"面板、"对齐"面板、"字符"面板、"段落"面板等。由于界面大小有限，不能将所有面板完整展示，需要使用时只需单击面板标题即可打开相应的面板。

6.2 必会入门操作

项目与素材是开始After Effects操作的基础，本节将对项目文件的操作及素材的操作进行介绍。

6.2.1 项目文件的操作

启动After Effects软件时，系统会创建一个项目，通常采用的是默认设置。如果用户要制作比较特殊的项目，则需新建项目并对项目进行更详细的设置。

1. 新建与保存项目

After Effects中的项目是一个文件，用于存储合成、图形及项目素材使用的所有源文件的引用。在每次启动After Effects应用程序时，系统会自动建立一个新项目，同时建立一个项目窗口。执行"文件"|"新建"|"新建项目"命令，或者按Ctrl+Alt+N组合键，即可快速创建一个采用默认设置的空白项目。

项目文件创建后，需要及时将项目文件进行保存与备份，以防止软件在操作过程中意外关闭。对于从未保存过的项目文件，执行"文件"|"保存"命令，或者按Ctrl+S组合键，系统会打开"另存为"对话框，这里需要为项目文件指定文件名以及存储路径。对于已经保存过的项目文件，经过操作后再次进行保存操作时会覆盖原有项目，并不会弹出对话框。

2. 打开项目

在制作后期特效时，经常会打开已有的项目文件。After Effects为用户提供了多种项目文件的打开方式，包括打开项目和打开最近项目等方式。

执行"文件"|"打开项目"命令，系统会打开"打开"对话框，选择要打开的项目文件，单击"打开"按钮即可将其打开。

执行"文件"|"打开最近的项目"命令，在展开的菜单中选择具体项目名，即可打开最近使用的项目文件。

✅**知识点拨** 在工作中，常使用直接拖曳的方法打开文件。在文件夹中选择要打开的场景文件，然后按住鼠标左键直接拖曳到After Effects的"项目"面板或"合成"面板中即可将其打开。

6.2.2 导入素材

素材是项目文件最基本的构成元素，除了依靠内置工具创建素材外，Premiere还支持导入丰富的外部素材，下面对此进行介绍。

1. 导入单个或多个素材

用户可以导入的素材文件格式有很多，导入方法也基本相同。执行"文件"|"导入"|"文件"命令，系统会打开"导入文件"对话框，从中选择需要导入的文件即可，如图6-4所示。如果要依次导入多个素材文件，可以配合使用Ctrl键进行素材的加选。

除了使用菜单栏命令，用户还可以通过以下方法导入素材。

- 按Ctrl+Alt+I组合键。
- 在"项目"面板右击，在弹出的快捷菜单中执行"导入"|"文件"命令。
- 在"项目"面板双击。
- 选择素材文件或文件夹，直接拖曳至"项目"面板。
- 执行"文件"|"在Bridge中浏览"命令，运行Adobe Bridge并浏览素材，双击需要的素材即可将其导入"项目"面板（计算机需要安装Adobe Bridge）。

图 6-4

2. 导入序列文件

如果导入的素材为一个序列文件，需要在"导入文件"对话框中选择"序列"选项，这样就可以以序列的方式导入素材，最后单击"打开"按钮即可完成导入操作。如果只需要导入序列文件的一部分，可以在选择"序列"选项后，框选需要导入的部分素材，再单击"导入"按钮。

3. 导入 Premiere 项目文件

直接导入Premiere的项目文件，会自动为其创建一个合成，并以层的形式包含Premiere项目文件中的所有素材。

执行"文件"|"导入"|"导入Adobe Premiere Pro项目"命令，打开"导入Adobe Premiere Pro项目"对话框，从中选择Premiere项目文件，如图6-5所示。单击"打开"按钮，系统会打开"Premiere Pro导入器"对话框，这里选择"所有序列"选项，再单击"确定"按钮即可将其导入After Effects，如图6-6所示。

图 6-5

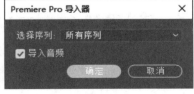

图 6-6

4. 导入含有图层的素材

对于导入Photoshop的PSD文件和Illustrator的AI文件这类含有图层的素材文件时，After Effects可以保留文件中的所有信息，包括层的信息、Alpha通道、调整层、蒙版层等。用户可以选择以"素材"或"合成"的方式进行导入，如图6-7所示。

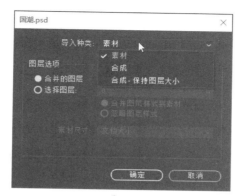

图 6-7

⚠注意事项 当以"合成"方式导入素材时，After Effects会将整个素材作为一个合成。在这里原始素材的图层信息可以得到最大限度的保留，用户可以在此基础上再次制作一些特效和动画。如果以"素材"方式导入素材，用户可以选择以"合并图层"的方式将原始文件的所有图层合并后一起进行导入，也可以以"选择图层"的方式选择某些图层作为素材进行导入。选择单个图层作为素材进行导入时，可以设置导入的素材尺寸。

6.2.3 管理素材

影视后期制作过程中需要用到大量的素材，为了便于后续使用，可以根据其类型和使用顺序对导入的素材进行一系列的管理操作，如排序素材、归纳素材和搜索素材等。这样不仅可以快速查找素材，还能使其他制作人员明白素材的用途，在团队协同工作中起到了至关重要的作用。

1. 排序素材

在"项目"面板中，素材的排列方式以"名称""类型""大小""媒体持续时间"等属性进行显示。如果用户需要改变素材的排列方式，则需要在素材的属性标签上单击，即可按照该属性进行升序排列。图6-8和图6-9所示分别为按名称和文件大小排序的素材列表。

图 6-8

图 6-9

2. 归纳素材

归纳素材是通过创建文件夹，并将不同类型的素材分别放置相应文件夹中的方法，按照划分类型归类素材。

执行"文件"|"新建"|"新建文件夹"命令，或单击"项目"面板底部的"新建文件夹"按钮 ，即可创建文件夹，如图6-10所示。此时，系统默认为文件夹重命名状态，直接输入文件夹名称，并将素材拖入文件夹中即可，如图6-11所示。

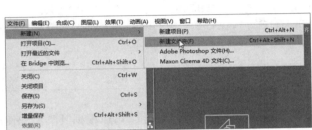

图 6-10

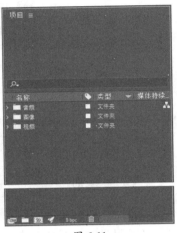

图 6-11

3. 搜索素材

当素材非常多时，如果想要快速找到需要的素材，只要在搜索框中输入相应的关键字，符合该关键字的素材或文件夹就会显示出来，其他素材将会自动隐藏。

6.2.4 替换素材

替换素材可以在不影响其他设置的情况下将当前素材替换掉。在"项目"面板中选择要替换的素材，右击，在弹出的快捷菜单中执行"替换素材"|"文件"命令，如图6-12所示；在打开的"替换素材文件"对话框中选择要替换的素材，单击"导入"按钮，如图6-13所示。

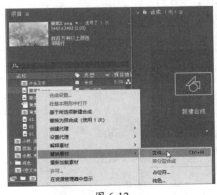

图 6-12

图 6-13

✔知识点拨 在替换素材时，如果不在"替换素材文件"对话框中取消勾选"ImportterJPEG序列"复选框，则"项目"面板中会同时存在两个素材，无法完成素材的替换。

6.2.5 代理素材

代理素材是指通过占位符或低质量的素材替代编辑，从而加快渲染显示，提高编辑速度。其中占位符是一个以彩条方式显示的静帧图片，作用是标注丢失的素材文件。占位符会在以下两种情况下出现。

- 不小心删除了硬盘中的素材文件，"项目"面板中的素材会自动替换为占位符，如图6-14所示。
- 选择一个素材，右击，在弹出的快捷菜单中执行"替换素材"|"占位符"命令，也可以将素材替换为占位符，如图6-15所示。

图 6-14

图 6-15

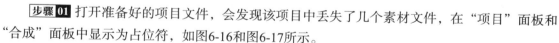

动手练 更换丢失的素材

在打开一些工程文件时，系统会提示素材丢失，且丢失的部分会显示为彩色占位符。本案例将介绍如何更换丢失的素材。

步骤 01 打开准备好的项目文件，会发现该项目中丢失了几个素材文件，在"项目"面板和"合成"面板中显示为占位符，如图6-16和图6-17所示。

图 6-16

图 6-17

步骤 02 在"合成"面板右击丢失的文件素材，在弹出的快捷菜单中执行"替换素材"|"文件"命令，如图6-18所示。

步骤 03 打开"替换素材文件"对话框，选择准备好的替换文件，并取消勾选"ImporterJPEG序列"复选框，如图6-19所示。

图 6-18   图 6-19

步骤 04 单击"导入"按钮将新的素材导入，并适当调整素材位置，如图6-20所示。

步骤 05 照此方法替换其他丢失的素材，如图6-21所示。

图 6-20   图 6-21

6.3 合成的创建与设置

合成是影片的框架，After Effects软件将多个素材、效果、动画等技术元素组合在一起，创造影视特效等数字创意作品的过程即为合成。下面对此进行介绍。

6.3.1 新建合成

新建合成的方式主要有以下3种。

1. 创建空白合成

执行"合成"|"新建合成"命令，或者单击"项目"面板底部的"新建合成"按钮，均可打开"合成设置"对话框，从中设置相应选项即可，如图6-22和图6-23所示。

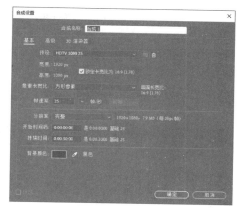

图 6-22   图 6-23

"合成设置"对话框中除了"基本"参数面板，还有"高级""3D渲染器"两个面板，如图6-24和图6-25所示。

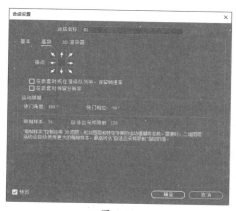

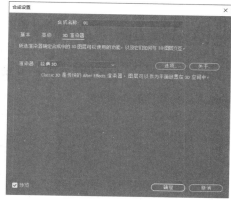

图 6-24   图 6-25

各参数面板中的参数介绍如下。

- **开始时间码：** 分配给合成的第一个帧的时间码或帧编号。
- **背景颜色：** 使用色板或吸管可选取合成背景颜色。
- **锚点：** 在调整图层的大小时，单击箭头按钮，可在调整图层大小时将图层固定到合成的一角或边缘。
- **快门角度：** 单位为度，模拟旋转快门所允许的曝光。
- **快门相位：** 单位为度，定义一个相对于帧开始位置的偏移量，用于确定快门何时打开。
- **每帧样本：** 最小采样数。
- **自适应采样限制：** 最大采样数。
- **渲染器：** 可以从列表中为合成选择正确的渲染器。

2. 基于单个素材新建合成

在"项目"面板中导入外部素材文件后，还可以通过素材建立合成。在"项目"面板中选中某个素材，右击，在弹出的快捷菜单中执行"基于所选项新建合成"命令，或者将素材拖至"项目"面板底部的"新建合成"按钮上即可，如图6-26和图6-27所示。

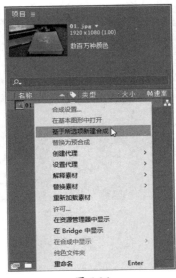

图 6-26   图 6-27

3. 基于多个素材新建合成

在"项目"面板中同时选择多个文件，执行"文件"|"基于所选项新建合成"命令，或将多个素材拖至"项目"面板底部的"新建合成"按钮上，系统将打开"基于所选项新建合成"对话框，如图6-28和图6-29所示。

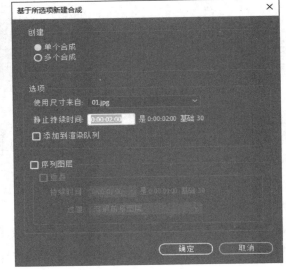

图 6-28   图 6-29

对话框中各参数含义介绍如下。

● **使用尺寸来自**：选择新合成从中获取合成设置的素材项目。

● **静止持续时间**：将要添加的静止图像的持续时间。

● **添加到渲染队列**：将新合成添加到渲染队列中。

● **序列图层**：按顺序排列图层，可以选择使其在时间上重叠、设置过渡的持续时间以及选择过渡类型。

6.3.2　嵌套合成

合成的创建是为了视频动画的制作，而对于效果复杂的视频动画，还可以将合成作为素材放置在其他合成中，从而形成视频动画的嵌套合成效果。

1. 认识嵌套合成

嵌套合成是一个合成包含在另一个合成中，显示为该合成中的一个图层。嵌套合成又称为预合成，是由各种素材以及合成组成的。

2. 生成嵌套合成

用户可通过将现有合成添加到其他合成中的方法来创建嵌套合成。在"时间轴"面板选择单个或多个图层并右击，在弹出的快捷菜单中执行"预合成"命令，系统会打开"预合成"对话框，可以设置嵌套合成名称等，如图6-30和图6-31所示。

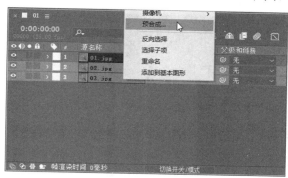

图 6-30

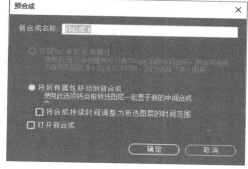

图 6-31

动手练　通过已有素材新建合成

通过已有素材可以快速依据素材的属性新建合成，本案例将练习通过导入的素材新建合成，下面对具体的操作步骤进行介绍。

步骤 01 启动After Effects应用程序，系统会自动新建项目。按Ctrl+I组合键打开"导入"对话框，选择要导入的素材文件，如图6-32所示。

步骤 02 单击"导入"按钮将素材文件导入After Effects软件中，如图6-33所示。

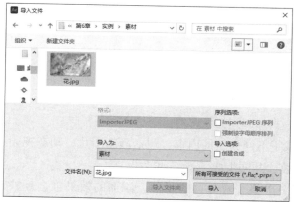

图 6-32

图 6-33

步骤 03 选中"项目"面板中的素材文件并右击，在弹出的快捷菜单中执行"基于所选项新建合成"命令创建合成，如图6-34所示。

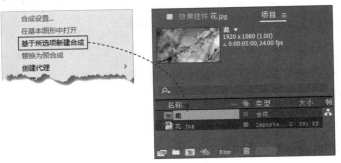

图 6-34

步骤 04 此时"合成"面板中的效果如图6-35所示。

图 6-35

至此就完成了合成的新建。

6.4 图层的应用

图层是一种虚拟的空间组织结构，在After Effects中图层是合成的基础组成元素。用户可以通过图层分层次地管理合成中的元素及效果，并按照从下到上的顺序堆叠，形成最终的输出内容。

6.4.1 图层在After Effects中的作用

图层是After Effects至关重要的组成部分，具体起到如下作用。

● **承载内容**：After Effects中的图层承载了不同类型的内容，包括静态图片、动态视频、文本、形状等，这些内容按照顺序堆叠，共同生成了最终的效果。

● **编辑属性**："时间轴"面板中的每个图层都有着各自的属性，添加的效果也会反映在图层属性组中，通过这些属性可以控制图层的表现效果。

- **辅助控制**：图层类型中的调整图层和空对象图层可以辅助用户将效果作用于其他图层，方便用户操作。
- **三维效果**：After Effects支持3D效果，用户可以利用图层制作三维空间的运动、缩放等，制作出更具立体感的效果。

After Effects是层级式的影视后期制作软件，软件中可以创建包括素材图层、文本图层、纯色图层、灯光图层、摄像机图层、空对象图层、形状图层、调整图层、Photoshop图层等多种不同类型的图层，这些图层的作用如下。

- **素材图层**：素材图层是After Effects中最常见的图层，将图像、视频、音频等素材从外部导入After Effects软件中，然后添加到"时间轴"面板，会自然形成图层，用户可以对其进行移动、缩放、旋转等操作。
- **文本图层**：使用文本图层可以快速创建文字，并对文本图层制作文字动画，还可以进行移动、缩放、旋转及不透明度的调节。
- **纯色图层**：用户可以创建任何颜色和尺寸（最大尺寸可达30000×30000像素）的纯色图层。纯色图层和其他素材图层一样，可以创建遮罩，也可以修改图层的变换属性，还可以添加特效。纯色图层主要用来制作影片中的蒙版效果，同时也可以作为承载编辑的图层。
- **灯光图层**：灯光图层主要用来模拟不同种类的真实光源，而且可以模拟出真实的阴影效果。
- **摄像机图层**：摄像机图层起到固定视角的作用，并且可以制作摄像机动画，模拟真实的摄像机游离效果。
- **空对象图层**：空对象图层可以在素材上进行效果和动画设置，以及起到制作辅助动画的作用。
- **形状图层**：形状图层可以制作多种矢量图形效果。在不选择任何图层的情况下，使用"蒙版工具"或"钢笔工具"可以直接在"合成"窗口中绘制形状。
- **调整图层**：调整图层可以用来辅助影片素材进行色彩和效果调节，并且不影响素材本身。调整图层可以对该层下的所有图层起作用。
- **Photoshop图层**：执行"图层"|"新建"|"Adobe Photoshop文件"命令，也可以创建Photoshop文件，不过这个文件只是作为素材显示在"项目"面板中，其文件大小和最近打开的合成大小一致。

6.4.2 图层的基本操作

After Effects支持创建不同类型的图层，用户还可以对图层进行一系列的操作，以查看和确定素材的播放时间、播放顺序和编辑情况等。下面对图层的基本操作进行介绍。

1. 创建图层

After Effects合成时会用到大量素材，这些素材均以层的形式出现，用户可以选择导入外部素材创建合成，也可以创建图层并进行设置。

（1）创建新图层

执行"图层"|"新建"命令，在展开的子菜单中选择需要创建的图层类型，即可创建相应的图层。或者在"时间轴"面板的空白处右击，在弹出的快捷菜单中执行"新建"命令，并在子菜单中选择所需图层类型。

（2）根据导入的素材创建图层

用户可以根据"项目"面板中的素材创建图层。在"项目"面板右击素材文件，在弹出的快捷菜单中执行"基于所选项新建合成"命令，即可创建一个新的合成。

2. 选择图层

在对素材进行编辑之前，需要先将其选中，在After Effects中，用户可以通过多种方法选择图层。

● 在"时间轴"面板中单击选择图层。

● 在"合成"面板中单击想要选中的素材，在"时间轴"面板中可以看到其对应的图层已被选中。

● 在键盘右侧的数字键盘中按图层对应的数字键，即可选中相对应的图层。

另外，用户可以通过以下方法选择多个图层。

● 在"时间轴"面板的空白处按住鼠标左键并拖动光标，框选图层。

● 按住Ctrl键的同时，依次单击图层即可加选这些图层。

● 单击选择起始图层，按住Shift键的同时再单击选择结束图层，即可选中起始图层和结束图层及其之间的图层。

3. 管理图层

除了创建图层、编辑图层外，用户还可以对图层进行一些管理操作，如复制图层、删除图层、重命名图层、排列图层。

（1）复制图层

在项目制作过程中，也常会遇到需要复制图层的时候，用户可以通过以下方式复制图层。

● 在"时间轴"面板选择要复制的图层，执行"编辑复制"或"编辑"|"粘贴"命令即可复制图层。

● 选择要复制的图层，依次按Ctrl+C组合键和Ctrl+V组合键，即可复制图层。

● 选择要复制的图层，按Ctrl+D组合键即可创建图层副本。

（2）删除图层

对于"时间轴"面板中不需要的图层，可以选择将其删除。用户可通过以下方式删除图层。

● 在"时间轴"面板中选择图层，按Delete键即可快速删除该图层。

● 选择图层，按Backspace键删除。

● 选择图层，执行"编辑清除"命令即可将图层删除。

（3）重命名图层

对于素材量比较庞大的项目文件，用户可以对图层名称进行重命名，这样在查找素材时就一目了然。操作方法包括以下几种。

- 选择图层，然后按Enter键，此时图层名称会进入编辑状态，输入新的图层名即可。
- 选择图层，右击，在弹出的快捷菜单中执行"重命名"命令。

（4）排列图层

对于"时间轴"面板中的图层对象，用户可以随意调整其顺序。选择要调整的图层，执行"图层"|"排列"命令，在其级联菜单中可以选择合适的操作命令执行，如"将图层置于顶层""使图层前移一层""使图层后移一层""将图层置于底层"。

4. 图层的混合模式

图层混合是指将一个图层与其下面的图层叠加，从而产生特殊的效果。After Effects软件中预设了三十多种图层混合模式以定义当前图层与底图的作用模式。

（1）普通模式

在普通模式组中，主要包括"正常""溶解"和"动态抖动溶解"3种混合模式。在没有透明度影响的前提下，这种类型的混合模式产生最终效果的颜色不会受底层像素颜色的影响，除非底层像素的不透明度小于当前图层。

（2）变暗模式

变暗模式组中的混合模式可以使图像的整体颜色变暗，主要包括"变暗""相乘""颜色加深""经典颜色加深""线性加深"和"较深颜色"6种，其中"变暗"和"相乘"是使用频率较高的混合模式。

（3）添加模式

"添加"模式组中的混合模式可以使当前图像中的黑色消失，从而使颜色变亮，包括"相加""变亮""屏幕""颜色减淡""经典颜色减淡""线性减淡"和"较浅的颜色"7种，其中"相加"和"屏幕"是使用频率较高的混合模式。

（4）相交模式

相交模式组中的混合模式在进行混合时有50%的灰色会完全消失，任何高于50%的区域都可能加亮下方的图像，而低于50%的区域都可能使下方图像变暗。该模式组包括"叠加""柔光""强光""线性光""亮光""点光"和"纯色混合"7种混合模式，其中"叠加"和"柔光"两种模式的使用频率较高。

（5）反差模式

反差模式组中的混合模式可以基于源颜色和基础颜色值之间的差异创建颜色，包括"差值""经典差值""排除""相减"和"相除"5种混合模式。

✅知识点拨　如果要对齐两个图层中的相同视觉元素，请将一个图层放置在另一个图层上面，并将顶端图层的混合模式设置为"差值"，然后移动任意一个图层，直到要排列的视觉元素的像素都是黑色，这意味着像素之间的差值是零，即一个元素完全堆积在另一个元素上。

（6）颜色模式

颜色模式组中的混合模式是将色相、饱和度和发光度三要素中的一种或两种应用在图像上，包括"色相""饱和度""颜色"和"发光度"4种。

（7）Alpha模式

Alpha模式组中的混合模式是After Effects特有的混合模式，它将两个重叠中不相交的部分保留，使相交的部分透明化，包括"模板Alpha""模板亮度""轮廓Alpha"和"轮廓亮度"4种。

（8）共享模式

在共享模式中，主要包括"Alpha添加"和"冷光预乘"两种混合模式。这种类型的混合模式都可以使底层与当前图层的Alpha通道或透明区域像素产生相互作用。

6.4.3 图层的基本属性

除音频等特殊图层外，其他图层都具有锚点、位置、缩放、旋转和不透明度5个基本属性，这些属性在制作动画特效时有非常重要的作用。图6-36所示为"时间轴"面板中展开的图层基本属性。

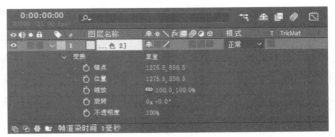

图 6-36

1. 锚点

锚点是图层的轴心点，控制图层的旋转或移动，默认情况下锚点在图层的中心，用户可以在"时间轴"面板中进行精确的调整。设置素材不同锚点参数的对比效果如图6-37和图6-38所示。

图 6-37   图 6-38

✓知识点拨 在调整锚点参数时，随着参数变化移动的是素材，锚点位置并不会发生任何变化。如果想要将锚点移动至素材中心，可以按Ctrl+Alt+Home组合键。

2. 位置

位图属性可以控制图层对象的位置坐标，主要用来制作图层的位移动画，普通的二维图层包括X轴和Y轴两个参数，三维图层则包括X轴、Y轴和Z轴三个参数。素材不同位置参数的对比效果如图6-39和图6-40所示。

图 6-39

图 6-40

3. 缩放

缩放属性可以以锚点为基准改变图层的大小。设置素材不同缩放参数的效果如图6-41和图6-42所示。

图 6-41

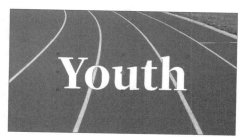

图 6-42

4. 旋转

图层的旋转属性不仅提供了用于定义图层对象角度的旋转角度参数，还提供了用于制作旋转动画效果的旋转圈数参数。设置素材不同旋转参数的效果如图6-43和图6-44所示。

图 6-43

图 6-44

5. 不透明度

通过设置不透明属性，可以设置图层的透明效果，可以透过上面的图层查看到下面图层对象的状态。设置素材不同透明度参数的效果如图6-45和图6-46所示。

图 6-45

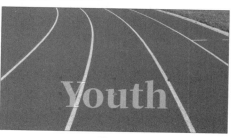

图 6-46

✅ **知识点拨** 一般情况下，每一次按图层属性的快捷键只能显示一种属性。如果想要一次显示两种或两种以上的图层属性，可以在显示一个图层属性的前提下按住Shift键，然后按其他图层属性的快捷键，这样就可以显示出多个图层的属性。

动手练 制作文本进入/退出效果

图层基本属性结合关键帧可以制作多种有趣的动态效果，本案例将通过设置文本图层的属性制作文本入/出场的效果。

步骤01 打开本章素材文件，如图6-47所示。

图 6-47

步骤02 选中文本图层，按P键展开其"位置"属性，移动当前时间指示器至0:00:01:00处，单击"位置"属性参数左侧的"时间变化秒表"按钮◎添加关键帧，如图6-48所示。

图 6-48

步骤03 移动当前时间指示器至0:00:00:00处，更改"位置"属性参数使其向左平移出合成画面，软件将自动生成关键帧，如图6-49所示。

图 6-49

步骤04 移动当前时间指示器至0:00:04:00处，选中文本图层，按T键展开其"不透明度"属性，单击"不透明度"属性参数左侧的"时间变化秒表"按钮◎添加关键帧，如图6-50所示。

图 6-50

步骤 05 移动当前时间指示器至0:00:05:00处，更改"不透明度"属性参数为0%，软件将自动添加关键帧，如图6-51所示。

图 6-51

步骤 06 移动当前时间指示器至0:00:00:00处，在"效果"面板中搜索"高斯模糊"效果，拖曳至文本图层上，展开其效果属性组，设置"模糊方向"为"水平"、"模糊度"属性参数为400.0，单击"模糊度"属性左侧的"时间变化秒表"按钮添加关键帧；移动当前时间指示器至0:00:01:00处，更改"模糊度"属性参数为0.0，软件将自动添加关键帧，如图6-52所示。

图 6-52

步骤 07 按空格键在"合成"面板中预览效果，如图6-53所示。至此就完成了文本入/出场效果的制作。

图 6-53

✅**知识点拨** 本案例中添加关键帧插值，可以设置更自然的动画效果。

综合实战：创建第一个项目文件

项目文件是进行After Effects操作的基础，本案例将结合所学知识，对项目文件的创建、素材的应用等进行介绍。

步骤 01 启动After Effects应用程序，系统会自动新建项目。

步骤 02 执行"合成"|"新建合成"命令，打开"合成设置"对话框，选择"预设"模式为"HDTV 1080 24"、像素长宽比为"方形像素"、持续时间为10s，如图6-54所示。

步骤 03 单击"确定"按钮关闭对话框即可创建合成，如图6-55所示。

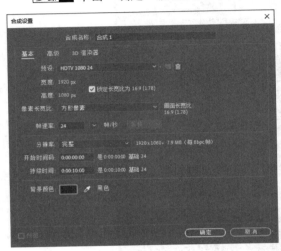

图 6-54　　　　　　　　　　　　　　　图 6-55

步骤 04 在"合成"面板空白处双击，会打开"导入文件"对话框，选择准备好的多个素材文件，取消勾选"多个序列"复选框和"创建合成"复选框，如图6-56所示。

步骤 05 单击"导入"按钮，将所选素材导入"合成"面板，如图6-57所示。

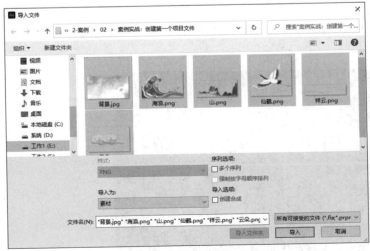

图 6-56

图 6-57

步骤 06 将"背景"素材拖入"时间轴"面板，此时可以在"合成"面板中看到背景效果，如图6-58所示。

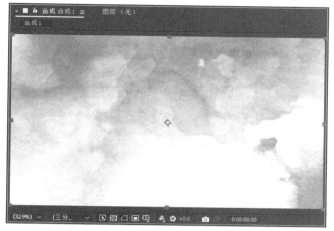

图 6-58

步骤 07 将其余素材全部选中，拖入"时间轴"面板，在"时间轴"面板中调整图层顺序，如图6-59和图6-60所示。

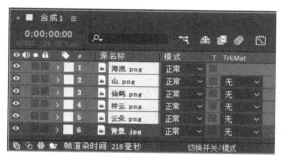

图 6-59

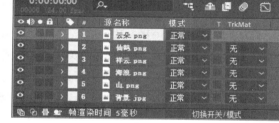

图 6-60

步骤 08 接着选择素材图层，在"合成"面板中按住Shift键调整素材的大小，并调整位置，如图6-61所示。

步骤 09 选择"云朵"素材图层，按Ctrl+D组合键再复制两个图层，调整云朵的大小和位置，最终的项目效果如图6-62所示。

图 6-61

图 6-62

QA 新手答疑

1. Q：After Effects 怎么输出视频格式？

A： "渲染队列"面板是渲染和导出影片的主要方式。将合成放入"渲染队列"面板中后，合成将变为渲染项，用户可以将多个渲染项添加至渲染队列中成批渲染。选中要渲染的合成，执行"合成"|"添加到渲染队列"命令或按Ctrl+M组合键即可将合成添加至渲染队列，用户也可以直接将合成拖曳至"渲染队列"面板，设置参数后单击"渲染"按钮即可输出设置好的视频格式。

2. Q：After Effects 支持什么输出格式？

A： After Effects支持的输出格式比较有限，视频格式只有AVI和MOV两种，其他格式也以序列图为主，如PNG序列、WebPShop序列等。用户可以在"输出模块设置"对话框中选择输出格式。

3. Q：导入分层文件时合并的素材项目还可以转换为合成吗？

A： 将分层文件如PSD文件或AI文件作为素材导入时，其所有图层将合并为一个整体，若想访问素材项目的单个组件，可以将其转换为合成。在"项目"面板中选择素材项目后，执行"文件"|"替换素材"|"带分层合成"命令，或在"时间轴"面板中选择图层后，执行"图层"|"创建"|"转换为图层合成"命令均可实现这一效果。

4. Q：导入 Illustrator 文件后怎么消除锯齿？

A： 导入Illustrator文件后，可以指定是在更高的品质下还是以更高的速度执行消除锯齿操作。在"项目"面板中选择素材项目，执行"文件"|"解释素材"|"主要"命令，打开"解释素材"对话框，单击底部的"更多选项"按钮，打开"EPS选项"对话框，选择消除锯齿的方式即可。

5. Q：创建合成后还可以修改其参数吗？

A： 如果创建合成后，想要重新修改合成参数，可以选择该合成，执行"合成"|"合成设置"命令，或者按Ctrl+K组合键，即可打开"合成设置"对话框，重新设置参数即可。用户可以随时更改合成设置，但考虑到最终输出，最好是在创建合成时指定帧长宽比和帧大小等参数。

6. Q：After Effects 软件可以输出 MP4 格式吗？

A： After Effects CC系列版本后就取消了直接渲染输出MP4格式的功能，用户可以通过插件或Adobe Media Encoder渲染输出MP4格式，也可以选择输出其他格式后通过格式转换工具进行转换。

7. Q：合成可以作为素材使用吗？

A： After Effects中的合成可以作为素材使用。

Premiere

After Effects

Audition

第7章

视频动效的创建

　　图层是构成合成的基本元素，可以存储静止图片、动态视频等多项内容，并将其展现在合成中；关键帧则是动画制作的核心元素。本章将对图层的类型、基本操作、基本属性、关键帧动画的创建与设置及表达式的应用进行介绍。

7.1 关键帧动画

After Effects中的关键帧和Premiere中的关键帧基本概念相同，都是制作动画和控制变化的核心元素，但After Effects中的关键帧支持更高级和复杂的动画工作流程，在动画制作上精细化程度和灵活性更高。

7.1.1 创建关键帧

关键帧的创建是在"时间轴"面板中进行的，创建关键帧就是对图层的属性值设置动画。在"时间轴"面板中展开属性列表后会发现每个属性左侧都有一个"时间变化秒表"按钮，它是关键帧的控制器，控制着关键帧的启用与删除，也是设定动画关键帧的关键。

单击"时间变化秒表"按钮，即可激活关键帧，从这时开始，无论是修改属性参数还是在合成窗口中修改图像对象，都会被记录成关键帧。再次单击"时间变化秒表"按钮，会移除所有关键帧。

单击属性左侧的"在当前时间添加或移除关键帧"按钮，可以添加多个关键帧，且会在时间线区域显示成 图标，如图7-1所示。

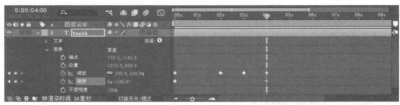

图 7-1

7.1.2 设置关键帧

创建关键帧后，用户可以根据需要对其进行选择、复制、移动、删除等编辑操作。

1. 选择关键帧

如果要选择关键帧，直接在"时间轴"面板单击 图标即可。如果要选择多个关键帧，按住Shift键的同时框选或者单击多个关键帧即可。

2. 复制关键帧

如果要复制关键帧，可以选择要复制的关键帧，执行"编辑"|"复制"命令，将时间线移动至需要被复制的位置，再执行"编辑"|"粘贴"命令即可。也可依次按Ctrl+C和Ctrl+V组合键进行复制粘贴操作。

3. 移动关键帧

单击并按住关键帧，拖动光标即可移动关键帧。

4. 删除关键帧

选择关键帧，执行"编辑"|"清除"命令即可将其删除。也可选中关键帧后直接按Delete键将其删除。

7.1.3 关键帧插值

关键帧插值可以调节关键帧之间的变化速率，使变化效果更加流畅。选中关键帧后右击，在弹出的快捷菜单中执行"关键帧插值"命令，打开"关键帧插值"对话框，如图7-2所示。

图 7-2

在该对话框中设置参数即可调整关键帧变化速率，其中部分选项作用如下。

- **线性**：创建关键帧之间的匀速变化。
- **贝塞尔曲线**：创建自由变换的插值，用户可以手动调整方向手柄。
- **连续贝塞尔曲线**：创建通过关键帧的平滑变化速率，且用户可以手动调整方向手柄。
- **自动贝塞尔曲线**：创建通过关键帧的平滑变化速率。关键帧的值更改后，"自动贝塞尔曲线"方向手柄也会发生变化，以保持关键帧之间的平滑过渡。
- **定格**：创建突然的变化效果，位于应用了定格插值的关键帧之后的图表显示为水平直线。

✅**知识点拨** 设置关键帧插值后，可以在图表编辑器中查看变化速率效果，也可以在图表编辑器中手动调整。

动手练 制作视频开屏效果

关键帧的添加可以使普通的图层运动起来，本案例将练习通过关键帧制作视频开屏出场的效果。

步骤 01 将准备好的视频素材拖入"项目"面板，并在素材上右击，在弹出的快捷菜单中执行"基于所选项新建合成"命令，如图7-3所示。

步骤 02 根据素材创建一个新的合成，如图7-4所示。

图 7-3

图 7-4

步骤 03 执行"图层"|"新建"|"纯色"命令，打开"纯色设置"对话框，这里设置图层"高度"为原本高度的一半，也就是360像素，再单击色块，设置颜色为黑色，如图7-5所示。

步骤 04 单击"确定"按钮即可创建纯色图层，如图7-6所示。

图 7-5 图 7-6

步骤 05 在"对齐"面板中单击"顶对齐"按钮，使纯色图层对齐到合成顶部，如图7-7所示。

步骤 06 按Ctrl+D组合键复制纯色图层，并在"对齐"面板中单击"底对齐"按钮，使其对齐到合成底部，如图7-8所示。

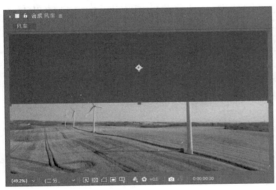

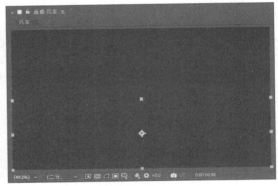

图 7-7 图 7-8

步骤 07 将时间线移动至0:00:00:00处，为"位置"属性添加第一个关键帧，无须修改参数，如图7-9所示。

图 7-9

步骤 08 将时间线移动至结尾，继续为"位置"属性添加关键帧，并调整参数值，如图7-10所示。

图 7-10

步骤 09 此时在"合成"面板可以看到该纯色图层已经向下移出屏幕外，如图7-11所示。

步骤 10 按照同样的方法为另一个纯色图层的"位置"属性添加关键帧，如图7-12所示。

图 7-11

图 7-12

步骤 11 按空格键即可预览开屏效果，如图7-13所示。

图 7-13

7.2 表达式及语法

表达式是After Effects内部基于JavaScript编程语言开发的编辑工具，通过程序语言来实现界面中一些无法执行的命令，或者通过语法将大量重复的操作简化。

7.2.1 表达式语法

After Effects中的表达式具有类似于其他程序设计的语法，只有遵循这些语法，才可以创建正确的表达式。

一般的表达式形式如下：

```
thisComp.layer("Story medal").transform.scale=transform.scale+time*10
```

- **thisComp**：用来说明表达式所应用的最高层级，可理解为合成。
- **"."**：属性连接符号，该符号前面为上位层级，后面为下位层级。
- **layer("")**：定义层的名称，必须在括号内加引号。

上述表达式的含义：合成的Story medal层中的变换选项下的缩放数值，随着时间的增长呈10倍的缩放。

> ✅**知识点拨** 如果表达式输入有错误，After Effects将会显示黄色的警告图标提示错误，并取消该表达式操作。单击警告图标，可以查看错误信息。

在编写表达式时，需要注意以下几点。
- JavaScript的语句区分大小写。
- 在一段或一行程序后需要加";"符号，以提示下个语句的开始。
- 在编辑到下一行时，需要按Ctrl+Enter组合键或Shift+Enter组合键；要确认表达式输入完毕直接按Enter键。
- 在编辑区可以通过将光标放在编辑框上下拖动来扩大编辑区范围。

除此之外，还可以为表达式添加注释。在注释句前加"//"符号，表示在同一行中任何处于"//"后的语名都被认为是表达式注释语句。

7.2.2 创建表达式

表达式最简单直接的创建方法是直接在图层的属性选项中创建。需要说明的是，表达式只能添加在可以编辑的关键帧的属性上，不可以添加在其他地方。另外表达式的使用需要根据实际情况来决定，如果关键帧可以更好地实现想要的效果，就没有必要使用表达式。

以"旋转"属性为例，打开图层的属性列表，按住Alt键单击"旋转"属性左侧的"时间变化秒表"图标，即会开启表达式，如图7-14所示。在时间线区域会出现输入框，在这里输入正确的表达式。在其他位置单击即可完成操作。

图 7-14

开启表达式后，属性参数栏会出现四个表达式工具。
- **启用表达式**≡：控制表达式的开关。当开启表达式时，相关属性参数将会显示为红色。
- **表达式图表**⊠：定义表达式的动画曲线，并激活图形编辑器。
- **表达式关联器**◎：单击该图标并拖动，会扯出一条虚线，将其链接到其他属性上，可以创建表达式，建立出关联性动画。
- **表达式语言菜单**▶：单击该图标可以选择After Effects为用户提供的表达式库中的命令，并根据需要在表达式菜单中选择相关表达式语言。

> ✅**知识点拨** 如果想要删除之前添加的表达式，可以在时间线区域单击表达式，此时会进入表达式编辑状态，删除表达式内容即可。

7.3　文字的创建与编辑

After Effects支持多种方式创建文本，还可以对文本进行较为专业的处理，下面对此进行介绍。

7.3.1　创建文字

用户创建文字通常有三种方式，分别是从"时间轴"面板、利用文本工具或利用文本框进行创建。

（1）从"时间轴"面板创建

在"时间轴"面板的空白处右击，在弹出的快捷菜单中执行"新建"|"文本"命令。

（2）利用文本工具创建

文本工具分为"横排文本工具"和"直排文本工具"两种，在工具栏中任意选择文本工具，在"合成"面板单击后输入内容即可创建文字对象。

（3）利用文本框创建

在工具栏单击"横排文字工具"或"直排文字工具"，然后在"合成"面板单击并按住鼠标左键拖动光标绘制一个矩形文本框，如图7-15所示。输入文字后按Enter键即可创建文字，如图7-16所示。

图 7-15

图 7-16

7.3.2　编辑文字

在创建文本之后，可以根据视频的整体布局和设计风格对文字进行适当的调整，包括字体大小、填充颜色及对齐方式等。

1. 设置字符格式

在选择文字后，可以在"字符"面板中对文字的字体系列、字体大小、填充颜色和是否描边等进行设置。执行"窗口"|"字符"命令或按Ctrl+6组合键，即可调出或关闭"字符"面板，用户可以对字体、字高、颜色、字符间距等属性值做出更改，如图7-17所示。

该面板中各选项含义介绍如下。

● **字体系列**：在下拉列表中可以选择所需应用的字体类型。

● **字体样式**：在设置字体后，有些字体还可以对其样式进行选择，如图7-18所示。

- **吸管**：可在整个工作面板中吸取颜色。
- **设置为黑色/白色**：设置字体为黑色或白色。
- **填充颜色**：单击"填充颜色"色块，会打开"文本颜色"对话框，可以在该对话框中设置合适的文字颜色，如图7-19所示。

图 7-17

图 7-18

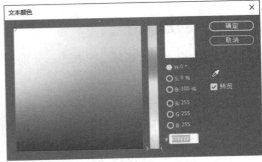

图 7-19

- **描边颜色**：单击"描边颜色"色块，打开"文本颜色"对话框，可以设置合适的文字描边颜色。
- **字体大小**：可以在下拉列表中选择预设的字体大小，也可以在数值处按住鼠标左键左右拖动改变数值大小，在数值处单击可以直接输入数值。
- **行距**：用于段落文字，设置行距数值，可以调节行与行之间的距离。
- **两个字符间的字偶间距**：设置光标左右字符之间的间距。
- **所选字符的字符间距**：设置所选字符之间的间距。

2. 设置段落格式

在选择文字后，可以在"段落"面板中对文字的段落方式进行设置。执行"窗口"|"段落"命令，即可打开或关闭"段落"面板，用户可以对文字的对齐方式、段落格式和文本对齐方式等参数进行设置，如图7-20所示。

图 7-20

"段落"面板中包含7种对齐方式，分别是左对齐文本、居中对齐文本、右对齐文本、最后一行左对齐、最后一行居中对齐、最后一行右对齐、两端对齐。另外还包括缩进左边距、缩进右边距和首行缩进3种段落缩进方式，以及段前添加空格和段后添加空格两种设置边距方式。

7.3.3 从文字创建蒙版

创建文本图层后，可以选择从文本创建形状或蒙版。选中文本图层，右击，在弹出的快捷菜单中执行"创建"命令，在其子菜单中执行"从文字创建形状"命令或"从文字创建蒙版"

命令，即可创建文本轮廓图层或文本蒙版，如图7-21所示。

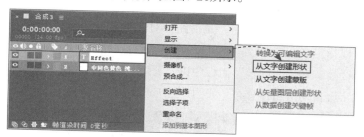

图 7-21

7.4　设置文本图层属性

After Effects中的文本图层包括文本和变换两类属性，通过设置这些属性可以改变合成中的文本效果，同时借助动画控制器还可以制作丰富有趣的文本动画，下面对此进行介绍。

7.4.1　基本属性面板

在"时间轴"面板中，展开文本图层中的"文本"选项组，可通过其"源文本""路径选项"等子属性更改文本的基本属性，如图7-22所示。

图 7-22

1. "源文字"属性

"源文字"属性可以设置文字在不同时间段的显示效果。单击"时间变化秒表"按钮即可创建第一个关键帧，在下一个时间点创建第二个关键帧，然后更改"合成"面板中的文字，即可实现文字内容切换效果。

2. "更多选项"属性组

"更多选项"属性组中的子选项与"文字"面板中的选项具有相同的功能，并且有些选项还可以控制"文字"面板中的选项设置。

● **锚点分组：** 指定用于变换的锚点是属于单个字符、单次、行或者是整个文本块。

● **分组对齐：** 用于控制字符锚点相对于组锚点的对齐方式。

> ✅ **知识点拨** 要禁用文本图层的"路径选项"属性组，可以单击"路径选项"属性组的可见性图标切换。若暂时禁用"路径选项"属性组，可以编辑文本或设置文本格式。

7.4.2 设置路径属性

文本图层中的"路径选项"属性组，是沿路径对文本进行动画制作的一种简单方式。选择路径之后，不仅可以指定文本的路径，还可以改变各字符在路径上的显示方式。

创建文字和路径后，在"时间轴"面板中以"蒙版1"命名，在"路径"属性右侧的下拉列表选择蒙版，则文字会自动沿路径分布，如图7-23所示。

图 7-23

7.4.3 动画控制器

新建文字动画时，将会在文本层建立一个动画控制器，用户可以通过控制各种选项参数，制作各种各样的运动效果，如制作滚动字幕、旋转文字效果、放大缩小文字效果等。

执行"动画"|"添加动画"命令，用户可以在级联菜单中选择动画效果。也可以单击"动画"选项按钮，在打开的列表中选择动画效果，如图7-24所示。

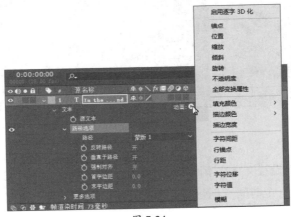

图 7-24

- **变换类控制器：**应用变换类控制器可以控制文本动画的变形，如倾斜、位置、缩放、不透明度等，与文本图层的基本属性有些类似，但是可操作性更为广泛。该类控制器可以控制文本动画的变形，例如倾斜、位置等。
- **颜色类控制器：**颜色类控制器主要用于控制文本动画的颜色，如填充颜色、描边颜色以及描边宽度，可以调整出丰富的文本颜色效果。
- **文本类控制器：**文本类控制器主要用于控制文本字符的行间距和空间位置，可以从整体上控制文本的动画效果，包括字符间距、行锚点、行距、字符位移、字符值。

- **范围控制器：** 当添加一个效果类控制器时，会在"动画"属性组添加一个"范围"选项，在该选项的效果基础上，可以制作出各种各样的运动效果，是非常重要的文本动画制作工具。在为文本图层添加动画效果后，单击其属性右侧的"添加"按钮，执行"选择器"|"范围"命令，即可显示"范围选择器1"属性组。

- **摆动控制器：** 摆动控制器可以控制文本的抖动，配合关键帧动画制作出更加复杂的动画效果。单击"添加"按钮，执行"选择器"|"摆动"命令，即可显示"摆动选择器1"属性组。

动手练 制作文字弹跳动画 —————————————————————

本案例将利用"位置"属性、"不透明度"属性以及摆动控制器等制作弹跳文字动画效果。

步骤01 新建项目，执行"合成"|"新建合成"命令，打开"合成设置"对话框，选择预设模式并设置持续时间，如图7-25所示。

步骤02 单击"横排文字工具"，在"字符"面板设置文字字体、大小等参数，接着在"合成"面板单击并输入文字内容，调整文字位置使其在"合成"面板中居中显示，如图7-26所示。

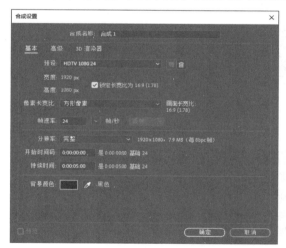

图 7-25

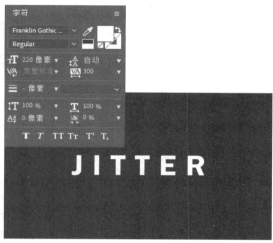

图 7-26

步骤03 展开文本图层的属性列表，单击"动画"按钮添加"位置"动画属性，删除"范围选择器"，再单击"添加"按钮添加"摆动选择器"，设置"位置"属性参数，如图7-27所示。

图 7-27

步骤04 此时在"合成"面板可以看到文字的变化，如图7-28所示。

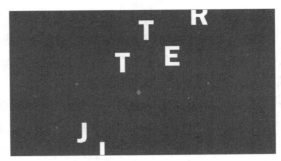

图 7-28

步骤 05 展开"摆动选择器"属性列表，设置"依据"为"不包含空格的字符"、"摇摆/秒"参数为3.0，将时间线移动至0:00:00:00处，为"最大量"和"最小量"属性各自添加关键帧，如图7-29所示。

图 7-29

步骤 06 将时间线移动至0:00:02:00处，再为两个属性添加关键帧，并设置参数都为0%，如图7-30所示。

图 7-30

步骤 07 选择两个关键帧，打开图表编辑器，按F9键添加"缓动"效果，并调整控制柄，如图7-31和图7-32所示。

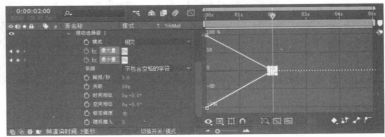

图 7-31

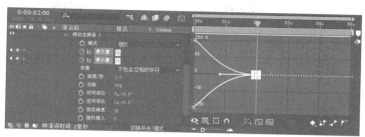

图 7-32

步骤 08 单击选择文本图层，再单击"动画"按钮，添加"不透明度"动画属性，系统将会添加一个新的动画制作工具，如图7-33所示。

步骤 09 设置"不透明度"参数为0%，再展开"范围选择器"属性列表，将时间线移动至0:00:00:00处，为"偏移"属性添加关键帧，如图7-34所示。

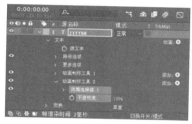

图 7-33

图 7-34

步骤 10 将时间线移动至0:00:01:00处，再为"偏移"属性添加第二个关键帧，设置参数为100%，如图7-35所示。

图 7-35

步骤 11 按空格键预览动画效果，如图7-36所示。

步骤 12 为文本图层添加"四色渐变"效果，保持默认参数。按空格键可预览最终的动画效果，如图7-37所示。

图 7-36

图 7-37

综合实战：制作胶片循环动画

本案例将通过为预合成图层的属性添加关键帧制作出胶片循环的动画效果。具体操作步骤如下。

步骤01 启动After Effects应用程序，执行"文件"|"新建"|"新建项目"命令创建新的项目。

步骤02 执行"合成"|"新建合成"命令，打开"合成设置"对话框，选择合适的预设模式，并设置持续时间为40s，如图7-38所示。单击"确定"按钮即可创建新的合成。

步骤03 在"项目"面板空白处双击，打开"导入文件"对话框，选择准备好的素材文件，如图7-39所示。

图 7-38

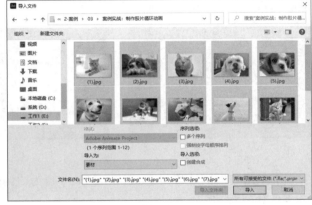

图 7-39

步骤04 单击"导入"按钮即可将素材导入"项目"面板，如图7-40所示。

步骤05 选择"胶片"素材将其拖入"时间轴"面板，按S键打开该图层的"缩放"属性，调整缩放参数，或者直接按Ctrl+Shift+Alt+H组合键，使"胶片"素材宽度适配到合成，如图7-41和图7-42所示。

图 7-40

图 7-41

图 7-42

步骤 06 选择素材1、素材2、素材3，将其拖至"时间轴"面板的"胶片"素材图层下方，按S键打开三个素材图层的"缩放"属性，调整缩放值，如图7-43所示。

步骤 07 在"合成"面板中调整各素材的位置，如图7-44所示。

图 7-43   图 7-44

步骤 08 选择"胶片"素材图层，按Ctrl+D组合键复制图层，再选择下方的四个图层，右击，在弹出的快捷菜单中执行"预合成"命令，如图7-45所示。

步骤 09 系统会打开"预合成"对话框，在该对话框中默认选中"将所有属性移动到新合成"单选按钮，如图7-46所示。单击"确定"按钮即可创建预合成图层。

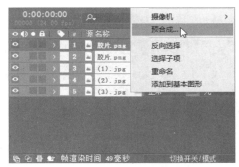

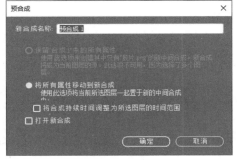

图 7-45   图 7-46

步骤 10 按P键打开"预合成1"图层的"位置"属性，将时间线移动至起始位置，单击"时间变化秒表"按钮为该属性添加第一个关键帧，如图7-47所示。

图 7-47

步骤 11 将时间线移动至0:00:10:00处，为该属性添加第二个关键帧，并设置"位置"参数，如图7-48所示。

图 7-48

步骤12 隐藏"胶片"图层，按空格键预览动画，可以看到胶片向左平移的动画效果，如图7-49所示。

步骤13 显示"胶片"图层，再隐藏"预合成1"图层，将素材4、素材5、素材6拖入"时间轴"面板，置于"胶片"图层下方，如图7-50所示。

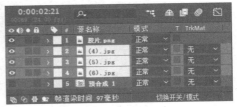

图 7-49 图 7-50

步骤14 复制"胶片"图层，再按照步骤5~8的方法创建出"预合成2"图层，如图7-51所示。

步骤15 在"合成"面板可以看到第二段胶片的效果，如图7-52所示。

图 7-51 图 7-52

步骤16 分别在0:00:00:00和0:00:20:00处为"预合成2"图层的"位置"属性添加关键帧，如图7-53和图7-54所示。

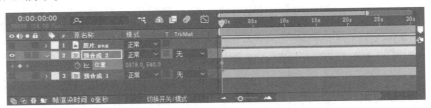

图 7-53

图 7-54

步骤17 将素材7、素材8、素材9拖入"时间轴"面板，按照前面的操作方法创建"预合成3"，如图7-55所示。

图 7-55

步骤18 打开该图层的"位置"属性，分别将时间线移动至0:00:10:00和至0:00:30:00处，添加关键帧并设置参数，如图7-56和图7-57所示。

图 7-56

图 7-57

步骤19 将素材10、素材11、素材12拖入"时间轴"面板，按照前面的操作方法创建"预合成4"，效果如图7-58所示。

图 7-58

步骤20 打开该图层的"位置"属性，分别将时间线移动至0:00:20:00和结尾处，添加关键帧并设置参数，如图7-59和图7-60所示。

图 7-59

图 7-60

步骤 21 按Ctrl+D组合键复制"预合成1"图层，将其移动至列表顶端，单击"时间变化秒表"按钮移除所有关键帧，如图7-61所示。

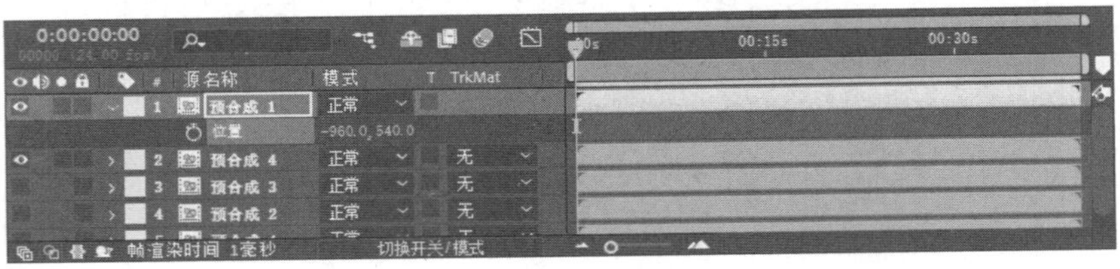

图 7-61

步骤 22 将时间线移动至0:00:30:00处，按P键打开"位置"属性，单击"时间变化秒表"按钮重新添加关键帧，并设置参数，如图7-62所示。

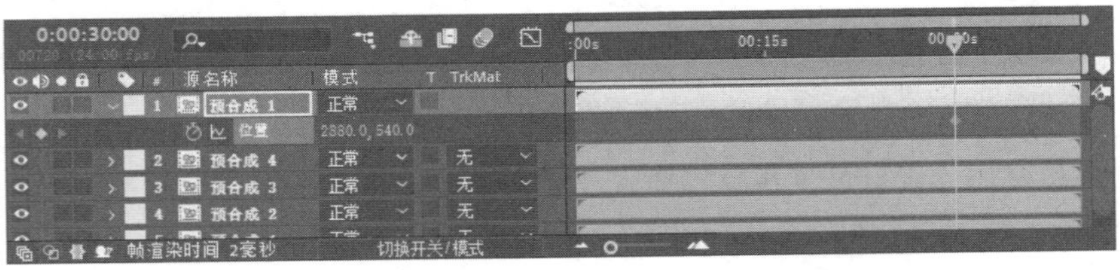

图 7-62

步骤 23 将时间线移动至结尾处，为"位置"属性添加第二个关键帧，并设置参数，如图7-63所示。

图 7-63

步骤 24 至此完成胶片循环动画的制作，按空格键可从头开始预览动画效果。

◯Ａ 新手答疑

1. Q: 如何同时将效果应用于多个图层?

　A: 通过新建调整图层并保证该图层在要应用效果的图层之上并添加效果即可,这是因为应用于调整图层的任何效果都会影响在图层堆叠顺序中位于该图层之下的所有图层。要注意的是,位于图层堆叠顺序底部的调整图层没有可视结果。如果将效果或变换应用于图层集合,则可以预合成图层,然后将效果或变换应用于预合成图层。

2. Q: 图层的固定属性可以单独显示吗?

　A: 在编辑图层属性时,可以利用快捷键快速打开属性。选择图层后,按A键可以展开锚点属性;按P键可以展开位置属性;按S键可以展开缩放属性;按R键可以展开旋转属性;按T键可以展开不透明度属性;按U键可以展开添加关键帧的属性。在显示一个图层属性的前提下按Shift键及其他图层属性快捷键可以显示图层的多个属性。

3. Q: 在"时间轴"面板中如何精准定位一些特殊时间?

　A: After Effects中可以通过"时间轴"面板左上角的时间栏精确输入时间。除此之外,按I键可以移动当前时间指示器至所选图层的入点;按O键可以移动当前时间指示器至所选图层的出点;按Shift+Home组合键可移动当前时间指示器至合成起点;按Shift+End组合键可移动当前时间指示器至合成中点;在"时间轴"面板中按J键可选择当前时间指示器左侧的第一个关键帧;按K键可选择当前时间指示器右侧的第一个关键帧。

　　在不选择图层或属性的情况下按B键可移动工作区域开头至当前时间指示器所在处;按N键可移动工作区域结尾至当前时间指示器所在处,工作区域开头和结尾的位置确定了影片的有效区域,即可以渲染输出的部分。

4. Q: 什么是图表编辑器?

　A: 图表编辑器可用于查看和操作属性值、关键帧等,包括值图表(显示属性值)和速度图表(显示属性值变化速率)两种类型,单击"时间轴"面板中的"图表编辑器"按钮即可查看默认的速率图表类型的图表编辑器。要注意的是,选中图层对象才可以在图表编辑器中查看图表。

5. Q: 如何指定显示在图表编辑器中的属性?

　A: 单击图表编辑器底部的"选择具体显示在图表编辑器中的属性"按钮◉,在弹出的快捷菜单中进行选择即可。其中"显示选择的属性"命令可以在图表编辑器中显示选定属性;"显示动画属性"命令可以在图表编辑器中显示选定图层的动画属性;"显示图表编辑器集"命令可以显示选中了图表编辑器开关◪的属性,当"时间变化秒表"按钮处于活动状态(即属性具有关键帧或表达式)时,此开关将出现在"时间变化秒表"的右侧、属性名称的左侧。

Premiere
After Effects
Audition

第8章

蒙版与抠像

　　After Effects中的蒙版是一种依附于图层存在的路径，可以通过蒙版图层中的图形或轮廓对象透出下面图层中的内容；抠像则是通过特定的视频效果将在蓝屏或绿屏前拍摄的影像与其他影像背景进行合成处理。本章将对蒙版的创建与编辑、形状的创建与编辑、抠像与跟踪技术等进行介绍。

8.1 认识和创建蒙版

蒙版可以隐藏合成的部分画面，使其仅显示指定的部分。本节将对蒙版的概念、作用、形状及蒙版的创建进行介绍。

8.1.1 蒙版的概念

蒙版是一种路径，可以是开放的，也可以是闭合的。蒙版可以绘制在图层中，一个图层可以包含多个蒙版。虽然是一个图层，但也可以将其理解为两个层，一个是轮廓层，即蒙版层；另一个是被蒙版层，即蒙版下面的图像层。

蒙版层的轮廓形状决定看到的图像形状，被蒙版层则决定看到的内容。蒙版动画的原理是蒙版层作用于变化或者被蒙版层作用于运动。

After Effects中蒙版的主要作用是控制图层部分内容的可见性和透明度，用户可以通过绘制蒙版使素材只显示蒙版区域内或区域外的部分，还可以通过调整图层使效果只作用于蒙版部分，同时After Effects支持创建多个蒙版，实现多元化的视觉效果。

8.1.2 蒙版和形状图层的区别

蒙版不是独立的图层，而是作为属性依附于图层存在，与图层的效果、变换等属性一样，如图8-1所示。用户可以通过修改蒙版属性来改变图层的显示效果，也可以对蒙版路径添加效果，如音频波形、描边、填充、勾画等。

形状图层是独立的图层，常用于制作各种各样的图形效果，如图8-2所示。一个形状图层中可以包含很多图形，也可以删除所有的形状单独存在。

图 8-1

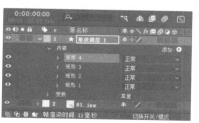

图 8-2

8.1.3 形状工具组

使用形状工具可以绘制出多种规则的几何形状蒙版，形状工具按钮位于工具栏中，包括"矩形工具""圆角矩形工具""椭圆工具""多边形工具""星形工具"5种工具，如图8-3所示。

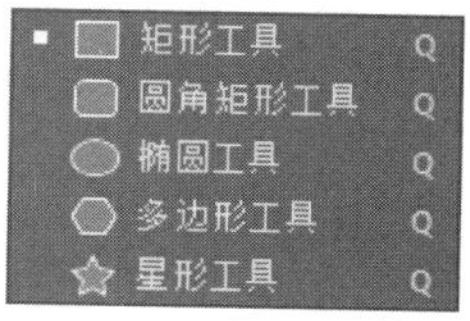

图 8-3

1. 矩形工具

"矩形工具"可以绘制出正方形、长方形等矩形形状蒙版。选择素材，在工具栏中选择"矩形工具"，在素材的合适位置单击并拖动光标至合适位置，释放鼠标左键即可得到矩形蒙版，如图8-4所示。

继续使用"矩形工具"，可以绘制出多个形状蒙版，如图8-5所示。如果按住Shift键的同时再拖动光标，即可绘制出正方形的蒙版形状，如图8-6所示。

2. 圆角矩形工具

"圆角矩形工具"可以绘制出圆角矩形形状的蒙版，其绘制方法与"矩形工具"相同，效果如图8-7所示。

图 8-4

图 8-5

图 8-6

图 8-7

3. 椭圆工具

"椭圆工具"可以绘制出椭圆及正圆形状的蒙版，其绘制方法与"矩形工具"相同。选择素材，在工具栏中选择"椭圆工具"，在素材的合适位置单击并拖动光标至合适位置，释放鼠标左键即可得到椭圆蒙版，如图8-8所示。按住Shift键的同时再拖动光标即可绘制出正圆蒙版，如图8-9所示。

图 8-8

图 8-9

4. 多边形工具

"多边形工具"可以绘制多个边角的集合形状蒙版。选择素材，在工具栏中选择"多边形工具"，在素材的合适位置单击确认多边形的中心点，再拖动光标至合适位置，释放鼠标左键即可得到任意角度的多边形蒙版，效果如图8-10所示。按住Shift键的同时拖动光标则可以绘制出正多边形的形状蒙版，如图8-11所示。

图 8-10

图 8-11

5. 星形工具

"星形工具"可以绘制出星星形状的蒙版，其使用方法与"多边形工具"相同，效果如图8-12和图8-13所示。

图 8-12

图 8-13

> ✅**知识点拨** 绘制出形状蒙版后，按住Ctrl键即可移动蒙版位置。用户也可以使用"选择工具"或者按键盘上的"↑↓←→"键来调整蒙版位置。

8.1.4 钢笔工具组

钢笔工具用于绘制不规则形状的蒙版。钢笔工具组包括"钢笔工具""添加'顶点'工具""删除'顶点'工具""转换'顶点'工具"以及"蒙版羽化工具"，如图8-14所示。

图 8-14

1. 钢笔工具

"钢笔工具"可以用于绘制任意蒙版形状。选中素材，选择"钢笔工具"，在"合成"面板中依次单击创建锚点，当首尾相连时即完成蒙版的绘制，得到蒙版形状，如图8-15和图8-16所示。

图 8-15

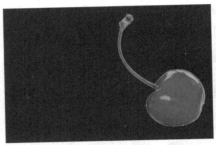
图 8-16

2. 添加"顶点"工具

"添加'顶点'工具"可以为蒙版路径添加锚点，以便于更加精细地调整蒙版形状。选择"添加'顶点'工具"，在路径上单击即可添加锚点，将光标置于锚点上，按住鼠标左键即可拖动锚点位置。图8-17和图8-18所示为添加锚点前后的蒙版效果。

图 8-17

图 8-18

3. 删除"顶点"工具

"删除'顶点'工具"的使用与"添加'顶点'工具"类似，不同的是该工具的功能是删除锚点。在某一锚点被单击删除后，与该锚点相邻的两个锚点之间会形成一条直线路径。

4. 转换"顶点"工具

"转换'顶点'工具"可以使蒙版路径的控制点变平滑或变成硬转角。选择"转换'顶点'工具"，在锚点上单击即可使锚点在平滑或硬转角之间转换，如图8-19和图8-20所示。使用"转换'顶点'工具"在路径线上单击可以添加顶点。

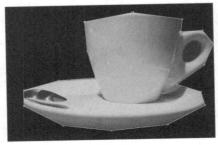
图 8-19

图 8-20

5. 蒙版羽化工具

"蒙版羽化工具"可以调整蒙版边缘的柔和程度。选择"蒙版羽化工具",单击并拖动锚点,即可柔化当前蒙版,效果如图8-21和图8-22所示。

图 8-21

图 8-22

动手练 制作简单的变形动画

本案例将利用形状工具结合关键帧制作简单的变形动画,涉及的知识点包括形状工具的应用、关键帧动画的制作等。

步骤 01 新建项目,执行"合成"|"新建合成"命令,打开"合成设置"对话框,选择预设模式为"PAL D1/DV方形像素",持续时间为10s,如图8-23所示。单击"确定"按钮创建合成。

步骤 02 执行"图层"|"新建"|"纯色"命令,打开"纯色设置"对话框,单击色块设置图层颜色,如图8-24和图8-25所示。

步骤 03 单击"确定"按钮创建纯色图层,如图8-26所示。

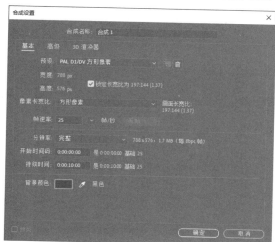

图 8-23

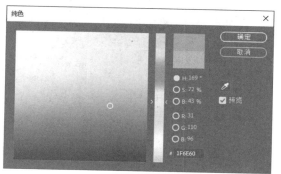

图 8-24

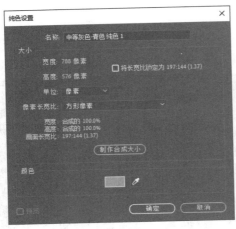

图 8-25

图 8-26

步骤 04 执行"图层"|"新建"|"形状图层"命令，再新建一个形状图层，选择该图层，然后在工具栏中选择"矩形工具"，按住Ctrl+Shift组合键的同时在"合成"面板拖动绘制一个正方形，如图8-27所示。

步骤 05 在"时间轴"面板中打开矩形的"填充"属性列表，设置"不透明度"为0%，即可看到矩形形状仅剩边框效果，如图8-28和图8-29所示。

步骤 06 接下来依次选择"椭圆工具""星形工具"，按住Ctrl+Shift组合键的同时再绘制一个正圆和一个星形，如图8-30所示。

图 8-27

图 8-28

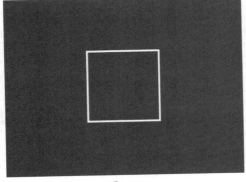

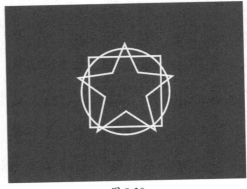

图 8-29

图 8-30

步骤 **07** 展开"矩形"属性下的"路径"属性，将时间线移动至0:00:00:00处，单击"时间变化秒表"按钮为该属性添加关键帧，如图8-31所示。

图 8-31

步骤 **08** 展开"椭圆"属性下的"路径"属性，将时间线移动至0:00:03:00处，为该属性添加关键帧，如图8-32所示。

图 8-32

步骤 **09** 按Ctrl+C组合键复制关键帧，保持时间线不动，再选择矩形的"路径"属性，按Ctrl+V组合键粘贴关键帧，如图8-33所示。

图 8-33

步骤 **10** 将时间线移动至0:00:06:00处，为多边星形的"路径"属性添加关键帧，并复制到矩形的"路径"属性，如图8-34和图8-35所示。

图 8-34

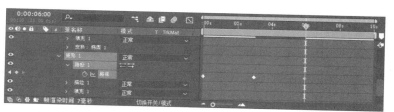

图 8-35

步骤 11 选择矩形"路径"属性中第一个关键帧进行复制，再将时间线移动至0:00:09:00处，将关键帧粘贴到此处，再隐藏多边星形和椭圆图形，如图8-36所示。

图 8-36

步骤 12 至此完成动画效果的制作，按空格键即可预览变形动画，如图8-37和图8-38所示。

图 8-37

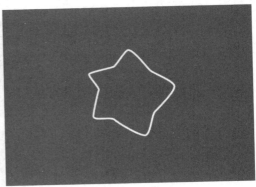

图 8-38

8.2) 编辑蒙版属性

在"时间轴"面板的"蒙版"选项中包含"蒙版路径""蒙版羽化""蒙版不透明度""蒙版扩展"4个属性选项，如图8-39所示。用户可以通过编辑蒙版属性更改蒙版。

图 8-39

8.2.1 蒙版路径

用户可以通过移动、增加或减少蒙版路径上的控制点来对蒙版的形状进行改变。一个蒙版绘制完毕后，可以通过相应的路径工具对其进行调整。当需要对尺寸进行精确调整时，可以通过"蒙版形状"来设置。单击"蒙版路径"右侧的"形状…"文字链接，即可在打开的"蒙版形状"对话框中修改大小，如图8-40所示。

图 8-40

⚠**注意事项** 在移动控制点时，按住Shift键的同时再进行移动操作，可以将控制点沿水平或垂直方向移动。

8.2.2 蒙版羽化

蒙版的羽化功能用于将蒙版的边缘进行虚化处理。默认情况下，蒙版的边缘不带有任何羽化效果，需要进行羽化处理时，可以拖动该选项右侧的数值，按比例进行羽化处理。图8-41和图8-42所示为不同蒙版羽化值的效果。

图 8-41

图 8-42

8.2.3 蒙版不透明度

默认情况下，为图层创建蒙版后，蒙版中的图像为100%显示，而蒙版外的图像为0%显示。如果想调整其透明效果，可以通过"蒙版不透明度"属性调整。蒙版的不透明度只影响层上蒙版内的区域图像，不会影响蒙版外的图像。图8-43和图8-44所示为不同透明度的蒙版效果。

图 8-43

图 8-44

8.2.4 蒙版扩展

通过"蒙版扩展"属性可以扩大或收缩蒙版的范围。当属性值为正值时，将在原始蒙版的基础上进行扩展；当属性值为负值时，将在原始蒙版的基础上进行收缩。图8-45和图8-46所示为原始蒙版效果和扩展后的效果。

图 8-45

图 8-46

8.2.5 蒙版混合模式

在绘制完成蒙版后，"时间轴"面板会出现一个"蒙版"属性。在"蒙版"右侧的下拉列表中显示了蒙版模式选项，如图8-47所示。

图 8-47

各混合模式含义介绍如下。

- **无**：选择此模式，路径不起蒙版作用，只作为路径存在，可进行描边、光线动画或路径动画等操作。
- **相加**：如果绘制的蒙版中有两个或两个以上的图形，选择此模式可看到两个蒙版以相加的形式显示效果。
- **相减**：选择此模式，蒙版的显示会变成镂空的效果。
- **交集**：两个蒙版都选择此模式，则两个蒙版产生交叉显示的效果。
- **变亮**：此模式对于可视范围区域，与"相加"模式相同。对于重叠处的不透明度，则采用不透明度较高的值。

- **变暗：**此模式针对于可视范围区域，与"相减"模式相同。对于重叠处的不透明度，则采用不透明度较低的值。

- **差值：**两个蒙版都选择此模式，则两个蒙版产生交叉镂空的效果。

动手练 制作图像从模糊到清晰的效果

本案例将利用蒙版制作图像从模糊到清晰的效果，涉及的知识点包括蒙版的创建、蒙版属性的编辑等。

步骤 01 打开After Effects软件，按Ctrl+I组合键导入本章素材文件，并基于素材文件新建合成，如图8-48所示。

步骤 02 在"项目"面板中右击合成，在弹出的快捷菜单中执行"合成设置"命令，打开"合成设置"对话框，设置持续时间为2秒，如图8-49所示。完成后单击"确定"按钮应用设置。

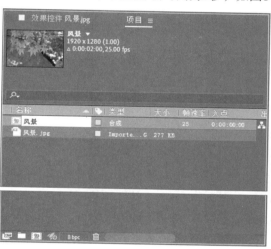

图 8-48

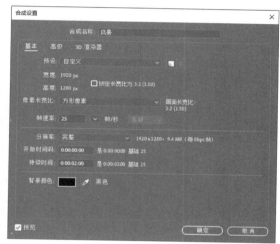

图 8-49

步骤 03 在"时间轴"面板中选择图层，按Ctrl+D组合键复制。选中复制图层，使用"椭圆工具"按住Shift+Ctrl组合键拖曳绘制圆形蒙版，如图8-50所示。

步骤 04 在"效果"面板中搜索"高斯模糊"效果拖曳至源图层上，在"效果控件"面板中设置参数，如图8-51所示。

图 8-50

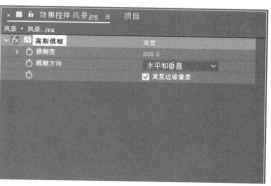

图 8-51

步骤05 此时"合成"面板中的效果如图8-52所示。

步骤06 展开复制图层的"蒙版"属性组，在0:00:00:00处单击"蒙版羽化"属性和"蒙版扩展"属性左侧的"时间变化秒表"按钮添加关键帧，并设置"蒙版羽化"属性参数为"（100.0,100.0）像素"、"蒙版扩展"属性参数为"-130.0像素"，如图8-53所示。

图 8-52

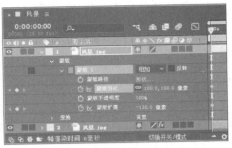

图 8-53

> ✅ **知识点拨** 具体蒙版扩展数值要根据绘制的蒙版大小来确定，确保"合成"面板画面中没有清晰图像即可。

步骤07 移动当前时间指示器至0:00:01:00处，更改"蒙版羽化"和"蒙版扩展"属性参数，软件将自动添加关键帧，如图8-54所示。

图 8-54

步骤08 按空格键播放预览，如图8-55所示。

图 8-55

至此完成图像从模糊到清晰效果的制作。

8.3 抠像与跟踪技术

在制作影视广告时，利用抠像技术可以十分方便地将在蓝屏或绿屏前拍摄的影像与其他影像背景进行合成处理，制作出全新的场景效果。利用跟踪技术则可以获得影像中某些效果点的运动信息，例如位置、旋转、缩放等，然后将其传送到另一层的效果点中，从而实现另一层的运动与该层追踪点运动一致。本节将介绍抠像的概念、常用抠像效果、运动跟踪与运动稳定等知识的应用。

8.3.1 "抠像"效果组

"抠像"又被称作"键控"，是在影视制作领域中被广泛采用的技术手段。我们在影视剧花絮中会看到演员在绿色或蓝色的幕布前表演，但在成品影片中是看不到这些幕布的，这就是运用了键控技术，将提取出的图像合成到一个新的场景中，从而增加画面的鲜活性。"抠像"效果组提供了9个效果供选择，这里只介绍较为常用的一些效果。

1. CC Simple Wire Removal

CC Simple Wire Removal（简单金属丝移除）效果可以简单地将线性形状进行模糊或替换，在影视后期制作中常用于去除拍摄过程中出现的缆线，例如威亚钢丝或者一些吊着道具的绳子。选择图层，执行"效果"|"抠像"|CC Simple Wire Removal命令，打开"效果控件"面板，在该面板中用户可以设置相关参数，如图8-56所示。

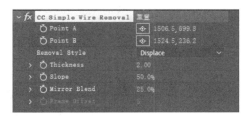

图 8-56

- **Point A/B（点A/B）**：该属性用于设置金属丝移除的点A/B。
- **Removal Style（移除风格）**：该属性用于设置金属丝移除风格。
- **Thickness（厚度）**：该属性用于设置金属丝移除的密度。
- **Slope（倾斜）**：该属性用于设置水平偏移程度。
- **Mirror Blend（镜像混合）**：该属性用于对图像进行镜像或混合处理。
- **Frame Offset（帧偏移）**：该属性用于设置帧偏移程度。

添加效果并设置参数，效果对比如图8-57和图8-58所示。

图 8-57

图 8-58

2. Advanced Spill Suppressor

由于背景颜色的反射作用，抠像图像的边缘通常都有背景色溢出，使用Advanced Spill Suppressor（高级颜色溢出抑制）效果可以消除图像边缘残留的溢出色。为图像抠像后，再执行"效果"|"抠像"|Advanced Spill Suppressor命令，在"效果控件"面板中可以设置相应参数，如图8-59所示。

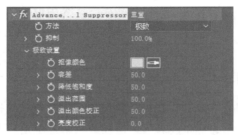

图 8-59

- **方法**：该属性用于选择抑制类型，分为标准和极致两个选项。
- **抑制**：该属性用于设置颜色抑制程度。
- **极致设置**：当选择"极致"类型时，"极致设置"属性组可用，可以详细地设置抠像颜色、容差、降低饱和度、溢出范围、溢出颜色校正、亮度校正等参数。

对素材进行抠像，然后添加效果并设置参数，效果对比如图8-60和图8-61所示。

图 8-60　　　　　　　图 8-61

3. 线性颜色键

"线性颜色键"效果可以使用RGB、色相或色度信息创建指定主色的透明度，抠除指定颜色的像素。选择图层，执行"效果"|"抠像"|"线性颜色键"命令，打开"效果控件"面板，在该面板中用户可以设置相关参数，如图8-62所示。

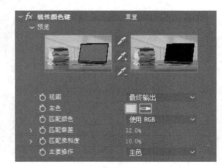

- **预览**：可以直接观察抠像选取效果。
- **视图**：设置"合成"面板中的观察效果。
- **主色**：设置抠像基本色。

图 8-62

- **匹配颜色**：设置匹配颜色空间。
- **匹配容差**：设置匹配范围。
- **匹配柔和度**：设置匹配的柔和程度。
- **主要操作**：设置主要操作方式为主色或者保持颜色。

添加效果并设置参数，效果对比如图8-63和图8-64所示。

图 8-63

图 8-64

4. 颜色范围

"颜色范围"效果通过键出指定的颜色范围产生透明效果，可以应用的色彩空间包括Lab、YUV和RGB，这种键控方式可以应用在背景包含多个颜色、背景亮度不均匀和包含相同颜色的阴影，这个新的透明区域就是最终的Alpha通道。选择图层，执行"效果"|"抠像"|"颜色范围"命令，在"效果控件"面板中可以设置相应参数，如图8-65所示。

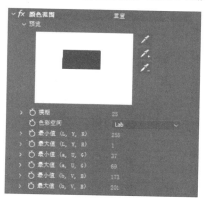

图 8-65

- **键控滴管**：该工具可以从蒙版缩略图中吸取键控颜色，用于在遮罩视图中选择开始键控颜色。
- **加滴管**：该工具可以增加键控颜色的颜色范围。
- **减滴管**：该工具可以减少键控颜色的颜色范围。
- **模糊**：对边界进行柔和模糊，用于调整边缘柔化度。
- **色彩空间**：设置键控颜色范围的颜色空间，有Lab、YUV和RGB 3种方式。
- **最小值/最大值**：对颜色范围的开始和结束颜色进行精细调整，精确调整颜色空间参数，（L，Y，R）、（a，U，G）和（b，V，B）代表颜色空间的3个分量。最小值调整颜色范围开始，最大值调整颜色范围结束。

完成上述操作后，即可观看应用效果对比，如图8-66和图8-67所示。

图 8-66   图 8-67

8.3.2 Keylight（1.2）

Keylight（1.2）是一款工业级别的外挂插件。该插件具有与众不同的蓝/绿荧幕调制器，能够精确地控制残留在前景对象中的蓝幕或绿幕反光，并将其替换成新合成背景的环境光，可以帮助用户轻松获取自己所需的人像等内容，大大提高了视频处理的工作效率。

选择素材后，执行"效果" | Keying | Keylight（1.2）命令，即可为素材添加该效果。

8.3.3 运动跟踪与稳定

运动跟踪和运动稳定在影视后期处理中应用相当广泛，多用来将画面中的一部分进行替换和跟随，或是使晃动的视频变得平稳。

1. 运动跟踪

"运动跟踪"是根据对指定区域进行运动的跟踪分析，并自动创建关键帧，将跟踪结果应用到其他层或效果上，从而制作出动画效果。例如使燃烧的火焰跟随运动的人物、为天空中的飞机吊上一个物体并随之飞行、为移动的镜框加上照片效果等。"运动跟踪"可以追踪运动过程比较复杂的路径，如加速和减速以及变化复杂的曲线等。

"运动稳定"是通过After Effects对前期拍摄的影片素材进行画面稳定处理，用于消除前期拍摄过程中出现的画面抖动问题，使画面变得平稳。

> ✅知识点拨 在对影片进行运动追踪时，合成图像中至少要有两个层，一个作为追踪层，另一个作为被追踪层，二者缺一不可。

2. 跟踪器

"运动跟踪"也被称为"点跟踪"，跟踪一个点或多个点区域，从而得到跟踪区域位移数据。跟踪器由两个方框和一个交叉点组成。交叉点叫作追踪点，是运动追踪的中心；内层的方框叫作特征区域，可以精确追踪目标物体的特征，记录目标物体的亮度、色相和饱和度等信息，在后面的合成中匹配该信息而起到最终效果；外层的方框叫作搜索区域，其作用是追踪下一帧的区域。

> ✅知识点拨 搜索区域的大小与追踪对象的运动速度有关，追踪对象运动速度过快，搜索区域可以适当放大。

点跟踪包括一点跟踪和四点跟踪两种方式。

（1）一点跟踪

选择需要跟踪的图层，执行"动画"|"跟踪运动"命令，会打开"跟踪器"面板，如图8-68所示。选择目标对象，在"合成"面板中调整跟踪点和跟踪框，如图8-69所示。在"跟踪器"面板中单击"向前分析"按钮▶，系统会自动创建关键帧。

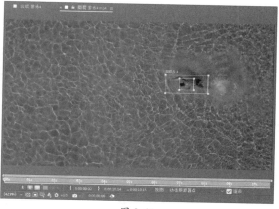

图 8-68　　　　　　　　　　　　　　　　　　图 8-69

❶注意事项 跟踪分析需要较长的时间。搜索区域和特征区域设置得越大，跟踪分析所要花费的时间就会越长。

（2）四点跟踪

"四点跟踪"也叫作透视边角定位，是指通过跟踪四个特定点（例如物体或目标上的四个角点）的运动来对运动物体进行定位和跟踪的方法。

选择需要跟踪的图层，执行"动画"|"跟踪运动"命令，在打开的"跟踪器"面板中单击"跟踪运动"按钮，并设置"跟踪类型"为"透视边角定位"，如图8-70所示。在"合成"面板中调整四个跟踪点的位置，如图8-71所示；完成上述操作，单击"向前分析"按钮即可预览跟踪效果。

图 8-70　　　　　　　　　　　　　　　　　　图 8-71

❶注意事项 视频中的对象移动时，常伴随灯光、周围环境以及对象角度的变化，有可能使原本明显的特征不可识别，即使是经过精心选择的特征区域，也常常会偏离。因此，重新调整特征区域和搜索区域、改变跟踪选项以及再次重试是创建跟踪的标准流程。

动手练 制作电视画面跟踪动画

本案例将练习制作电视画面跟踪动画，涉及的知识点包括运动跟踪的添加与设置等。下面对具体的操作步骤进行介绍。

步骤01 新建项目，导入准备好的视频素材，并基于"绿幕"素材创建合成，如图8-72所示。

步骤02 执行"合成"|"合成设置"命令，打开"合成设置"对话框，设置"持续时间"为8s，如图8-73所示。单击"确定"按钮即可将素材裁剪到第8秒。

图 8-72

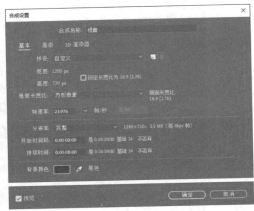

图 8-73

步骤03 将"彩色小镇"素材拖入"时间轴"面板，置于图层顶部，按Ctrl+Shift+Alt+G组合键，使素材匹配到"合成"面板，如图8-74所示。

步骤04 预览视频时发现"彩色小镇"素材第一帧是黑屏，这里将图层向前移动一帧，如图8-75所示。

图 8-74

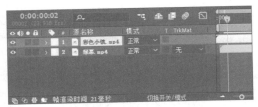

图 8-75

步骤05 选择"绿幕"图层，在"跟踪器"面板中单击"跟踪运动"按钮，系统会切换到"图层"面板，且中心位置会出现一个跟踪点，如图8-76所示。

图 8-76

步骤 06 在"跟踪器"面板中设置跟踪类型为"透视边角定位",如图8-77所示。

步骤 07 此时画面中的跟踪点变为4个,调整跟踪点的位置,如图8-78所示。

图 8-77

图 8-78

步骤 08 单击"向前分析"按钮,系统会自动移动跟踪点并创建关键帧,可以看到受到视频中人物手势的影响关键帧位置发生了偏移,如图8-79所示。

步骤 09 按PageUp键回走关键帧,逐帧调整跟踪点的位置,如图8-80所示。

图 8-79

图 8-80

步骤 10 设置完毕后单击"编辑目标"按钮,打开"运动目标"对话框,选择"彩色小镇.mp4"图层,如图8-81所示。

步骤 11 单击"应用"按钮返回"合成"面板,按空格键即可预览跟踪效果,如图8-82所示。

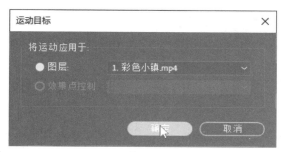

图 8-81

图 8-82

综合实战：制作趣味开场动画

本案例将利用本章所学的蒙版知识制作一个有趣的开场动画。具体操作步骤如下。

步骤01 新建项目。执行"合成"|"新建合成"命令，打开"合成设置"对话框，选择预设模式为"HDTV 1080 24"，设置持续时间为10s，如图8-83所示。

步骤02 执行"图层"|"新建"|"纯色"命令，打开"纯色设置"对话框，这里设置颜色为白色，如图8-84所示。单击"确定"按钮创建纯色图层。

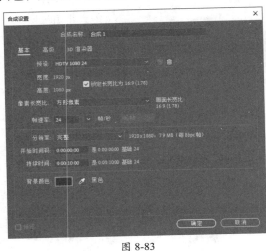

图 8-83

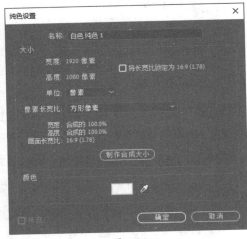

图 8-84

步骤03 在"时间轴"面板空白处单击取消选择图层。选择"椭圆工具"，按住Ctrl+Shift组合键的同时创建一个圆形，在"时间轴"面板展开属性列表，设置"描边宽度"为0.0，设置"填充颜色"为黑色，如图8-85和图8-86所示。

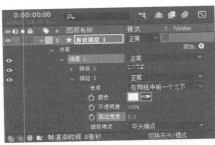

图 8-85

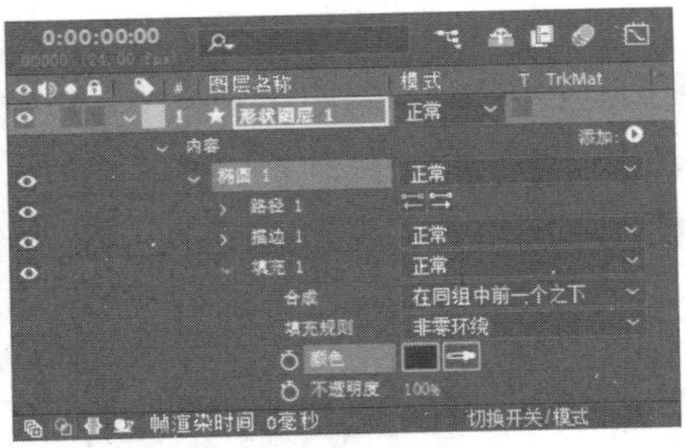

图 8-86

步骤04 按Ctrl+Alt+Home组合键使锚点居中，再依次单击"水平对齐"按钮和"垂直对齐"按钮，使圆形居中于画面，如图8-87所示。

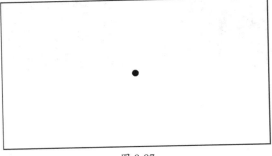

图 8-87

步骤 **05** 选择形状图层，按Ctrl+D组合键复制图层，再选择两个形状图层，按P键打开"位置"属性，如图8-88所示。

图 8-88

步骤 **06** 将时间线移动至0:00:00:00处，单击"时间变化秒表"按钮，为两个图层的"位置"属性添加关键帧，如图8-89所示。

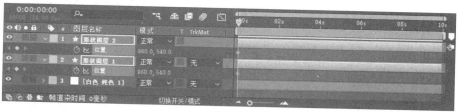

图 8-89

步骤 **07** 将时间线移动至0:00:01:00处，分别为两个图层属性添加第二个关键帧并调整参数，如图8-90所示。

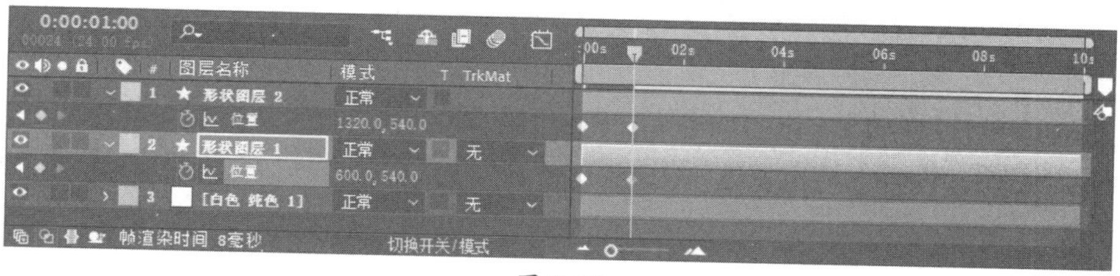

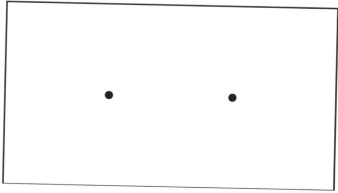

图 8-90

步骤 **08** 此时在"合成"面板可以看到图形的移动，如图8-91所示。

图 8-91

步骤 **09** 将时间线移动至0:00:02:00处，分别复制0:00:00:00位置的关键帧，粘贴到新的时间线位置，如图8-92所示。

图 8-92

步骤10 再将时间线移动至0:00:02:05处，继续复制粘贴关键帧，如图8-93所示。

图 8-93

步骤11 将时间线移动至0:00:03:05处，添加第五个关键帧，并分别设置属性参数，如图8-94所示。

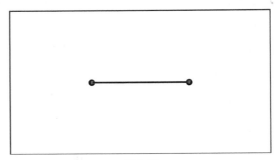

图 8-94

步骤12 将时间线移动至0:00:01:00处，在"时间轴"面板空白处单击，然后选择"矩形工具"绘制一个矩形，设置"描边宽度"为0.0、"填充颜色"为黑色，并调整图形位置，如图8-95所示。

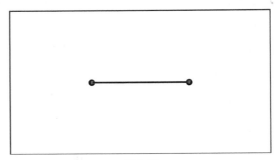

图 8-95

步骤13 展开该图层的"路径"属性，在此时间点添加关键帧，如图8-96所示。

图 8-96

步骤 14 将时间线移动至0:00:00:00处，再为"路径"属性添加关键帧，并在"合成"面板中调整图形轮廓，如图8-97所示。

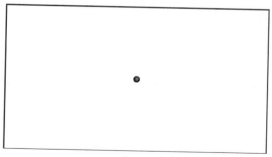

图 8-97

步骤 15 复制该位置的关键帧，将时间线移动至0:00:02:00处，粘贴关键帧；将时间线移动至0:00:02:05处，再次粘贴关键帧，如图8-98所示。

图 8-98

步骤 16 将时间线移动至0:00:03:05处，继续为"路径"属性添加关键帧，并在"合成"面板中调整图形轮廓，如图8-99所示。

步骤 17 选择三个形状图层，右击，在弹出的快捷菜单中执行"预合成"命令，打开"预合成"对话框，保持默认选项，如图8-100所示。

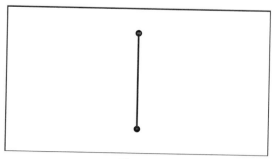

图 8-99

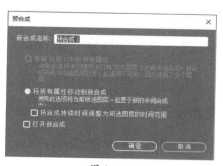

图 8-100

步骤 18 按R键打开预合成图层的"旋转"属性，在0:00:03:05处添加一个关键帧，如图8-101所示。

图 8-101

步骤19 将时间线移动至0:00:05:00处，添加第二个关键帧，并设置"旋转"参数为90.0°，如图8-102所示。

图 8-102

步骤20 复制关键帧，将时间线移动至0:00:05:05处，再粘贴关键帧，如图8-103所示。

图 8-103

步骤21 打开图标编辑器，选择控制点并设置为"缓入"，适当调整控制柄，如图8-104所示。

图 8-104

步骤22 按空格键预览动画效果，如图8-105所示。

步骤23 选择"横排文字工具"创建文字，在"字符"面板中设置文字字体、大小、水平缩放等参数，再调整文字位置，如图8-106和图8-107所示。

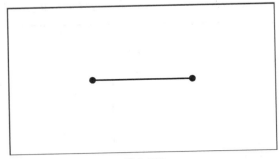

图 8-105

图 8-106

图 8-107

步骤 24 选择文字图层，选择"矩形工具"绘制一个可以覆盖文字的矩形，如图8-108所示。

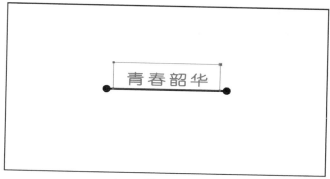

图 8-108

步骤 25 展开"蒙版"属性，勾选"反转"复选框，在0:00:05:05处为"蒙版路径"属性添加第一个关键帧，如图8-109所示。

图 8-109

步骤 26 将时间线移动至0:00:06:05处，添加第二个关键帧，并在"合成"面板中调整蒙版形状，如图8-110和图8-111所示。

图 8-110

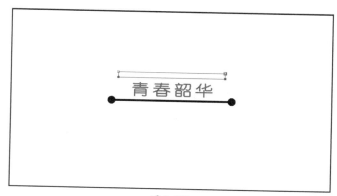

图 8-111

步骤 27 再创建新的文本图层，输入文字内容并设置属性，如图8-112和图8-113所示。

图 8-112   图 8-113

步骤 28 按照步骤24~26的操作，为文本绘制蒙版并添加关键帧，如图8-114和图8-115所示。

步骤 29 将准备好的"樱桃"素材拖入"项目"面板，再拖入"时间轴"面板，在"合成"面板中调整素材的大小及位置，如图8-116所示。

图 8-114

图 8-115   图 8-116

步骤 30 展开素材图层的属性列表，将时间线移动至0:00:07:05处，为"位置"属性添加关键帧，并调整参数，如图8-117所示。

图 8-117

步骤 31 将时间线移动至0:00:07:15处，分别为"位置"和"旋转"属性添加关键帧，并各自设置参数，如图8-118所示。

图 8-118

步骤 32 将时间线移动至0:00:07:20处，为"旋转"属性添加第二个关键帧，设置"旋转"参数，如图8-119所示。

图 8-119

步骤 33 将时间线移动至0:00:08:00处，为"旋转"属性添加第三个关键帧，再设置"旋转"参数，如图8-120所示。

图 8-120

步骤 34 至此完成本项目的制作，按空格键可以预览完整的动画效果，如图8-121所示。

图 8-121

❓ 新手答疑

1. Q: 一个图层中只能有一个蒙版吗？

A: 并不是，每个图层可以包含多个蒙版，要注意的是，蒙版在"时间轴"面板中的堆积顺序会影响它与其他蒙版的交互方式，用户可以在"时间轴"面板"蒙版"属性组中拖动蒙版以调整其顺序。

2. Q: 蒙版混合模式有什么作用？

A: 蒙版混合模式可以创建具有多个透明区域的复杂复合蒙版。要注意的是，蒙版混合模式仅在同一图层上的两个蒙版之间起作用，且蒙版混合模式的结果变化具体取决于堆积顺序中位于更高位置的蒙版设置的混合模式。

3. Q: 如何创建图层大小的形状？

A: 在"工具"面板中双击形状工具即可创建图层大小的形状。要注意的是，在"合成"面板或"时间轴"面板中选择形状路径后双击形状工具将替换形状路径。

4. Q: 如何更改蒙版路径颜色以进行区分？

A: 默认情况下After Effects中的所有蒙版均为黄色，用户可以在"时间轴"面板中单击蒙版名称左侧的色块打开"蒙版颜色"对话框选择新的颜色，然后单击"确定"按钮即可将蒙版路径颜色更改为选中的颜色。

除此之外，用户还可以执行"编辑"|"首选项"|"外观"命令，打开"首选项"对话框，选择"外观"选项卡，在该选项卡中勾选"循环蒙版颜色（使用标签颜色）"复选框即可对新蒙版循环应用标签颜色，若勾选"为蒙版路径使用对比度颜色"复选框After Effects将会分析开始绘制蒙版的点附近的颜色，然后选择与该区域颜色不同的标签颜色，同时还会避免选择上次绘制蒙版时使用的颜色。

5. Q: 设置蒙版羽化时羽化边缘突然结束是什么原因？

A: 可能是蒙版羽化扩展至图层区域以外导致的羽化边缘突然结束。蒙版羽化仅发生在图层的各维度内，因此经过羽化的蒙版的路径应始终略微小于图层区域，而不得移动到图层的边缘。

6. Q: "CC Simple Wire Removal（简单金属丝移除）"效果可以移除曲线吗？

A: "CC Simple Wire Removal（简单金属丝移除）"效果只能进行简单处理，且只能处理直线，对于弯曲的线是没有办法的。如果后期需要处理掉钢丝或绳子，在前期拍摄时需尽量保证绳子不要太粗或弯曲。

Premiere
After Effects
Audition

第 **9** 章

常见视频
效果的应用

After Effects中包括多种视频效果,通过使用这些视频
效果可以制作出更加炫目的效果。本章将对After Effects中
的常用视频效果进行介绍,包括调色效果、仿真粒子效果、
光线效果、抠像与跟踪技术等。

9.1 认识视频特效

After Effects中的视频效果又称视频特效，是After Effects中最为主要的一部分，包括调色、仿真粒子、光线、抠像等多种类型。这些视频效果可以作用于视频素材或其他素材图层，结合参数设置即可制作出绚丽的视频特效。

视频特效的添加可以通过"效果和预设"面板或菜单命令实现，用户可以将"效果和预设"面板中的视频效果拖曳至要添加的图层上，或选中图层后执行"效果"命令，在弹出的菜单中执行相应的子命令添加。添加视频效果后，用户可以在"效果控件"面板或"时间轴"面板中调整参数以创建差异化的视觉效果。

9.2 调色效果的应用

色彩在极大程度上影响影视作品的视觉效果。在影视后期制作过程中，画面的处理经常包括对画面颜色进行调整，这一操作主要是通过调色效果进行，本节将对此进行介绍。

9.2.1 主要调色效果

After Effects的"色彩校正"效果组共包括34个效果，集中了After Effects中最强大的图像调色修正特效，大大提高了工作效率。本节详细讲解最基础的效果。

1. 色阶

"色阶"效果主要是通过重新分布输入颜色的级别来获取一个新的颜色输出范围，以达到修改图像亮度和对比度的目的。使用色阶可以扩大图像的动态范围、查看和修正曝光，以及提高对比度等。选择图层，执行"效果"|"颜色校正"|"色阶"命令，即可为图层添加效果。

2. 曲线

"曲线"效果可以对画面整体或单独颜色通道的色调范围进行精确控制。选择图层，执行"效果"|"颜色校正"|"曲线"命令，即可为图层添加效果。

3. 色相/饱和度

"色相/饱和度"效果可以通过调整某个通道颜色的色相、饱和度及亮度，及对图像的某个色域局部进行调节。选择图层，执行"效果"|"颜色校正"|"色相/饱和度"命令，即可为图层添加效果。

4. 亮度和对比度

"亮度和对比度"效果主要用于调整画面的亮度和对比度，可以同时调整所有像素的亮部、暗部和中间色。选择图层，执行"效果"|"颜色校正"|"亮度和对比度"命令，即可为图层添加效果。图9-1和图9-2所示为添加并调整"亮度和对比度"效果前后对比效果。

图 9-1

图 9-2

✅知识点拨 除了执行"效果"命令外，用户还可以在"效果"面板中搜索效果拖曳至"时间轴"面板中的素材上进行添加。

9.2.2 其他常用调色效果

除了最主要的调色效果外，还有一些其他的效果会被经常应用。本节着重介绍较为常用的效果。

1. 阴影 / 高光

"阴影/高光"效果可以单独处理图像的阴影和高光区域，使较暗区域变亮，使较亮区域变暗，是一种高级调色效果。选择图层，执行"效果"|"颜色校正"|"阴影/高光"命令，即可为图层添加效果。

2. 更改颜色

"更改颜色"效果可以调整所选颜色的色相、饱和度和亮度。选择图层，执行"效果"|"颜色校正"|"更改颜色"命令，即可为图层添加效果。图9-3和图9-4所示为添加并调整效果前后对比效果。

图 9-3

图 9-4

3. 色调均化

"色调均化"效果又称为均衡，用于重新分布像素值以达到更加均匀的亮度平衡，常用于增加画面对比度和饱和度。选择图层，执行"效果"|"颜色校正"|"色调均化"命令，即可为图层添加效果。

4. 保留颜色

"保留颜色"效果类似于指定颜色信息像素，通过脱色量去掉其他颜色。选择图层，执行"效果"|"颜色校正"|"保留颜色"命令，即可为图层添加效果。图9-5和图9-6所示为添加并调整该效果前后对比效果。

图 9-5　　　　　　　　　　　　　　　　图 9-6

5. 颜色链接

"颜色链接"效果可以根据周围的环境改变素材的色彩，对两个层的素材进行统一。选择图层，执行"效果"|"颜色校正"|"颜色链接"命令，即可为图层添加效果。

动手练 制作视频逐渐显色的效果

本案例将制作视频逐渐显色的效果，涉及的知识点包括"保留颜色"视频效果及关键帧动画等。

步骤01 打开After Effects软件，按Ctrl+I组合键导入本章素材文件，并基于素材新建合成，如图9-7所示。

步骤02 此时"合成"面板中的效果如图9-8所示。

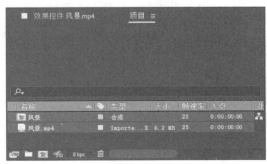

图 9-7　　　　　　　　　　　　　　　　图 9-8

步骤03 选中"时间轴"面板中的图层，执行"效果"|"颜色校正"|"保留颜色"命令为其添加效果，在"效果控件"面板中设置参数，如图9-9所示。

步骤04 此时"合成"面板中的效果如图9-10所示。

图 9-9

图 9-10

步骤 05 移动当前时间指示器至0:00:00:00处，在"效果控件"面板中单击"脱色量"属性左侧的"时间变化秒表"按钮添加关键帧；移动当前时间指示器至0:00:00:00处，设置"脱色量"属性参数为0.0%，软件将自动添加关键帧，如图9-11所示。

步骤 06 此时"合成"面板中的效果如图9-12所示。

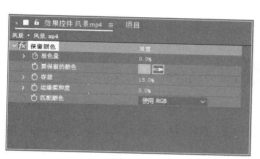

图 9-11

图 9-12

步骤 07 在"时间轴"面板中选择图层，按U键展开其添加关键帧的属性，选择关键帧后按F9键设置关键帧缓动效果。单击"时间轴"面板中的"图表编辑器"按钮切换至"图表编辑器"模式，调整方向手柄，效果如图9-13所示。单击"时间轴"面板中的"图表编辑器"按钮切换至图层条模式。

图 9-13

步骤 08 按空格键播放预览，如图9-14所示。

图 9-14

至此完成视频逐渐显色效果的制作。

9.3 仿真粒子效果应用

自然界中存在很多个体独立而整体类似的物体运动，这些物体相互之间各有不同又相互制约，我们称之为粒子。粒子效果是After Effects 中常用的一种效果，可以快速模拟各种自然效果，而且可以制作出空间感和奇幻感的画面效果，主要用来渲染画面的气氛，让画面看起来更加美观、震撼、迷人。

9.3.1 "模拟"效果组

通过"模拟"效果可以模拟出自然界中大量相似物体独立运动的效果，如雨点、雪花、爆炸等。"模拟"效果组提供了18个效果供选择，本节将介绍较为常用的一些特效。

1. CC Drizzle

"CC Drizzle（细雨）"效果可以模拟雨滴落入水面的涟漪效果。选择图层，执行"效果"|"模拟"| CC Drizzle命令，打开"效果控件"面板，在该面板中用户可以设置相关参数，如图9-15所示。

- **Drip Rate（雨滴速率）：** 该属性用于设置雨滴滴落的速度。
- **Longevity(sec)（寿命（秒））：** 该属性用于设置涟漪的存在时间。
- **Rippling（涟漪）：** 该属性用于设置涟漪的扩散角度。
- **Displacement（置换）：** 该属性用于设置涟漪的位移程度。
- **Ripple Height（波高）：** 该属性用于设置涟漪扩散的高度。
- **Spreading（传播）：** 该属性用于设置涟漪扩散的范围。

添加效果并设置参数，效果如图9-16所示。

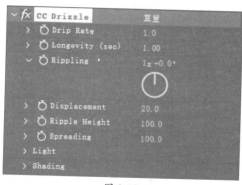

图 9-15

图 9-16

2. CC Particle World

"CC Particle World（粒子世界）"效果可以产生三维粒子运动，是CC插件中比较常用的一款粒子插件。选择图层为其添加CC Particle World效果，在"效果控件"面板中设置相应的效果参数，可以制作出如图9-17和图9-18所示的效果。

图 9-17

图 9-18

3. CC Rainfall

"CC Rainfall（下雨）"效果可以模拟有折射和运动的降雨效果。选择图层，执行"效果"|"模拟"|CC Rainfall命令，打开"效果控件"面板，在该面板中用户可以设置相关参数。

4. 碎片

"碎片"效果可以对图像进行粉碎和爆炸处理，并可以对爆炸的位置、力量和半径等参数进行控制。选中图层，在"效果和预设"面板打开"模拟"效果列表，从中选择"碎片"效果，双击即可将效果添加到图层上，用户可以在"效果控件"面板中设置相关参数。将"碎片"效果添加到图层上后，设置相关参数，拖动时间轴即可看到碎片产生的过程，如图9-19和图9-20所示。

5. 粒子运动场

"粒子运动场"是基于After Effects的一个很重要的效果，可以从物理学和数学角度对各类自然效果进行描述，模拟出现实世界中各种符合自然规律的粒子运动效果，如星空、雪花、下雨和喷泉等。选中图层，执行"效果"|"模拟"|"粒子运动场"命令，即可为图层添加该效果。在"效果控件"面板中可以设置相应的效果参数。

通过创建多个"粒子运动场"效果，并设置不同的参数，可以模拟出非常逼真的粒子运动效果，对比效果如图9-21和图9-22所示。

图 9-19   图 9-20

图 9-21   图 9-22

9.3.2　Particalar插件

Particular是After Effects的一款经典三维粒子特效插件，属于Trapcode出品的系列效果，操作简单，但功能十分强大，使用频率非常高，能够制作出多种自然效果，如火、云、烟雾、烟花等，是一款强大的粒子效果。

9.3.3　Form插件

"Form（形状）"效果是Trapcode系列中一款基于网格的三维粒子效果，但没有产生、生命周期和死亡等基本属性。

动手练 制作粒子流动画

本案例将练习制作粒子流动画，涉及的知识点包括"粒子运动场""残影"等效果的应用等。

步骤01 新建项目，再新建合成，选择预设模式，设置持续时间，如图9-23所示。

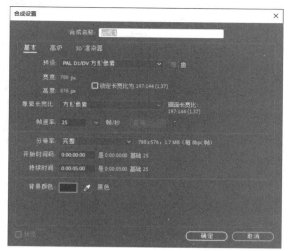

图 9-23

步骤02 新建一个纯色图层，从"模拟"效果组中选择"粒子运动场"效果添加到纯色图层，在"效果控件"面板中单击"选项"按钮，会打开"粒子运动场"对话框，如图9-24所示。

步骤03 再单击"编辑发射文字"按钮，打开"编辑发射文字"对话框，在这里输入文字内容，设置字体，选中"随机"单选按钮，如图9-25所示。再依次关闭对话框。

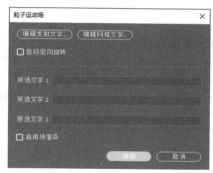

图 9-24

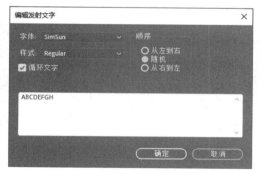

图 9-25

步骤04 在"效果控件"面板中设置"发射"和"重力"属性组的参数，如图9-26所示。

步骤05 移动时间线，可以看到粒子喷射效果，如图9-27所示。

图 9-26

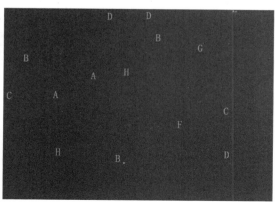

图 9-27

步骤 06 选择图层，按Ctrl+D组合键复制图层，重新调整效果参数，如图9-28和图9-29所示。

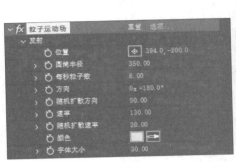

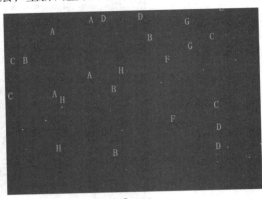

图 9-28

图 9-29

步骤 07 选择两个图层，将其创建为预合成图层。从"时间"效果组中选择"残影"效果，添加到预合成图层，在"效果控件"面板设置"残影"效果的属性参数，如图9-30所示。

步骤 08 按空格键即可预览动画效果，如图9-31所示。

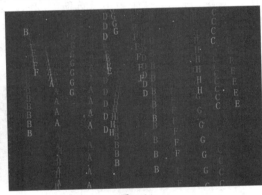

图 9-30

图 9-31

9.4 光线效果的应用

在很多影视节目或片头中经常可以看到各种光线特效，如闪耀着光芒的文字、流动的光线等。在After Effects中，用户可以通过光效效果和其他效果的结合制作出各种绚烂多彩的光线效果，为画面添加美感，甚至创作出无与伦比的奇幻世界。光效在烘托镜头气氛、丰富画面细节等方面起着非常重要的作用。本节将对在后期制作过程中较为常用的几种光效效果进行介绍。

9.4.1 "生成"效果组

"生成"效果组的效果除了可以添加各种形状的纹理，也可以制作出光线效果。本节将介绍较为常用的一些光线效果。

1.镜头光晕

"镜头光晕"效果可以合成镜头光晕的效果，常用于制作日光光晕。选择图层，执行"效

果"|"生成"|"镜头光晕"命令即可添加效果，用户可以在"效果控件"面板中设置参数。效果对比如图9-32和图9-33所示。

图 9-32

图 9-33

2. CC Light Burst 2.5

"CC Light Burst 2.5（CC光线缩放2.5）"效果可以使图像局部产生强烈的光线放射效果，类似于"径向模糊"效果。该效果可以应用在文字图层上，也可以应用在图片或视频图层上。

3. CC Light Rays

"CC Light Rays（射线光）"效果是影视后期特效制作中比较常用的光线效果，可以利用图像上不同颜色产生不同的放射光，而且具有变形效果。重复添加"CC Light Rays（射线光）"效果，设置不同的参数，可以制作出不同的光点效果，如图9-34和图9-35所示。

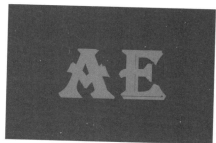

图 9-34

图 9-35

4. CC Light Sweep

"CC Light Sweep（CC光线扫描）"效果可以在图像上制作出光线扫描的效果，该效果既可以应用在文字图层上，也可以应用在图片或视频素材上。设置不尽相同的参数，或者重叠效果，就可以得到不同的光线效果，如图9-36和图9-37所示。

图 9-36

图 9-37

9.4.2 Starglow插件

"Starglow（星光闪耀）"效果是一个根据源图像的高光部分建立星光闪耀效果的效果，可以为视频中的高光增加星光效果。图9-38所示为该效果的属性参数，下面讲解该效果较为重要的属性参数。

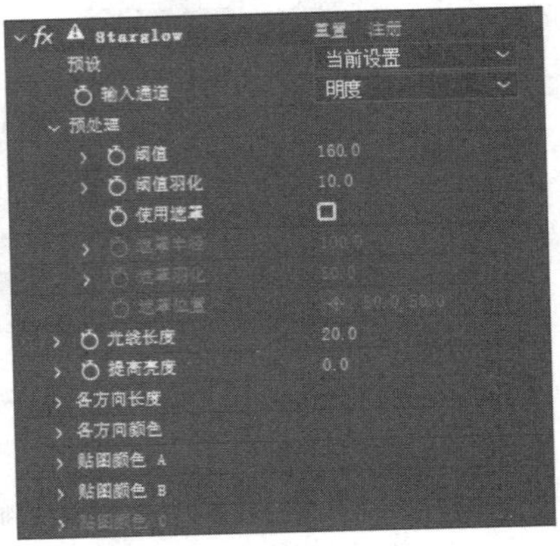

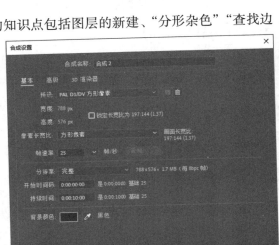

- **预设**：该属性提供了29种不同的星光闪耀效果。
- **输入通道**：该属性提供了选择效果基于的通道，包括Lightness（明度）、Luminance（亮度）、Red（红色）、Green（绿色）、Blue（蓝色）和Alpha等通道类型。
- **预处理**：该属性组提供了在应用Starglow（星光闪耀）效果之前需要设置的功能参数。
- **光线长度**：该属性用于调整整个星光的散射长度。
- **提高亮度**：该属性用于调整星光的亮度。
- **各方向长度**：该属性组用于调整每个方向的光晕大小。
- **各方向颜色**：该属性组用于设置每个方向的颜色贴图。
- **贴图颜色A/B/C**：这几个属性组主要用于根据"各方向颜色"来设置贴图颜色。
- **闪烁**：该属性组用于控制星光效果的细节部分。

图 9-38

9.4.3 Light Factory插件

"Light Factory（灯光工厂）"插件是一款非常经典的灯光效果插件，可以制作After Effects中"镜头光晕"效果的加强版，各种常见的镜头耀斑、眩光、日光、舞台光等都可以利用该插件制作。

 动手练 制作迪斯科球灯效果

本案例将练习制作迪斯科球灯效果。涉及的知识点包括图层的新建、"分形杂色""查找边缘"等效果的应用等。

步骤 01 新建项目，再新建合成，选择预设模式并设置持续时间，如图9-39所示。

步骤 02 执行"图层"|"新建"|"纯色"命令，新建一个纯色图层，并为图层添加"分形杂色"效果，如图9-40所示。

步骤 03 在"效果控件"面板设置效果的杂色类型、缩放大小以及复杂度，如图9-41所示。

图 9-39

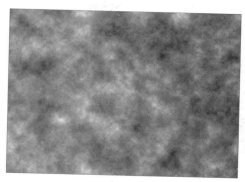

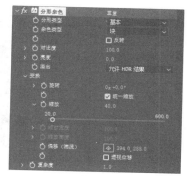

图 9-40

图 9-41

步骤 04 调整后的合成效果如图9-42所示。

步骤 05 按住Alt键单击"演化"属性的"时间变化秒表"按钮，并输入表达式"time*120"，如图9-43所示。按空格键即可预览到变换动画效果。

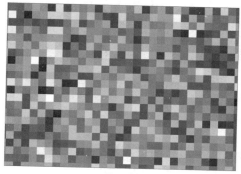

图 9-42

图 9-43

步骤 06 再为图层添加"查找边缘"效果，勾选"反转"复选框，设置"与原始图像混合"参数为75%，合成效果如图9-44所示。

步骤 07 继续为图层添加"四色渐变"效果，这里设置"混合模式"为"叠加"，如图9-45所示。

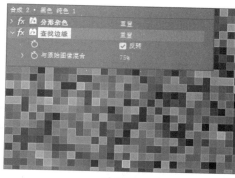

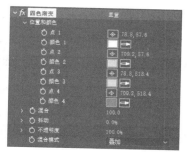

图 9-44

图 9-45

步骤 08 合成效果如图9-46所示。

步骤 09 将纯色图层创建为预合成，并命名为"球灯"，如图9-47和图9-48所示。

步骤 10 为预合成图层添加CC Sphere效果，创建一个球体，如图9-49所示。

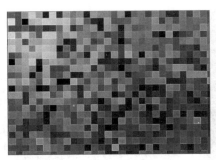

图 9-46

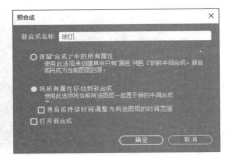

图 9-47

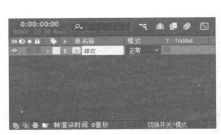

图 9-48

图 9-49

步骤 11 在"效果控件"面板调整效果参数，如图9-50所示。

步骤 12 调整后的球体效果如图9-51所示。

图 9-50

图 9-51

步骤 13 展开Rotation属性组，按住Alt键单击Rotation Y属性的"时间变化秒表"按钮，并输入表达式"time*120"，如图9-52所示。

步骤 14 按空格键预览动画，会看到球体沿Y轴旋转的效果，如图9-53所示。

图 9-52

图 9-53

步骤15 新建一个调整图层，为图层添加"发光"效果，如图9-54所示。

步骤16 合成效果如图9-55所示。

图 9-54

图 9-55

步骤17 继续为调整图层添加CC Light Burst 2.5效果，调整Intensity和Ray Length属性参数，如图9-56所示。

步骤18 此时的合成效果如图9-57所示。

图 9-56

图 9-57

步骤19 最后再为调整图层添加"色阶"效果，并调整直方图以及"输入黑色"属性参数，如图9-58所示。

步骤20 按空格键预览最终效果，如图9-59所示。

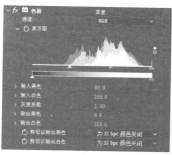

图 9-58

图 9-59

9.5 其他视频效果应用

After Effects的效果功能可以很方便地将静态图像制作成动态效果，也可以为动态影像制作出更加绚丽的效果。在影视作品的制作过程中，通过添加效果，可以为视频文件添加特殊的处理，使其产生丰富的视频效果。本节主要介绍"风格化""生成""模糊和锐化""透视""扭曲""过渡"等效果组中一些常用效果的特点和应用。

9.5.1 "风格化"效果组

"风格化"效果组主要通过修改、置换原图像像素和改变图像的对比度等操作来为素材添加不同效果。效果组中提供25个效果，本节将介绍较为常用的一些效果。

1. CC Glass

"CC Glass（玻璃）"效果可以通过对图像属性分析，添加高光、阴影以及一些微小的变形来模拟玻璃效果。添加效果并设置参数，效果对比如图9-60和图9-61所示。

图 9-60   图 9-61

2. 动态拼贴

"动态拼贴"效果可以复制源图像，使素材图像进行水平或垂直方向上的拼贴，产生类似墙砖的效果。

3. 发光

"发光"效果可以找到图像的较亮部分，然后使那些像素和周围的像素变亮，以创建出漫射的发光光环。该效果可以基于图像的原始颜色，也可以基于Alpha通道。使用"最佳"品质渲染发光效果可以更改图层的外观。

4. 查找边缘

"查找边缘"效果可以确定具有大过渡的图像区域，并可强调边缘，通常看起来像是原始图像的草图。边缘可在白色背景上显示为深色线条，也可在黑色背景上显示为彩色线条。添加效果并设置参数，效果对比如图9-62和图9-63所示。

图 9-62   图 9-63

9.5.2 "生成"效果组

"生成"效果组的主要功能是为图像添加各种各样的填充或纹理，如圆形、渐变等，同时也可以通过添加音频来制作特效。效果组中提供了26个效果供选择，本节将介绍较为常用的一些效果。

1. 勾画

"勾画"效果能够在画面上刻画出物体的边缘，甚至可以按照蒙版路径的形状进行刻画。如果已经手动绘制出图像的轮廓，添加该效果后将会直接刻画该图像。添加效果并设置参数，效果如图9-64和图9-65所示。

图 9-64　　　　　　　　　　　　　　　　图 9-65

2. 四色渐变

"四色渐变"效果在一定程度上弥补了渐变效果在颜色控制方面的不足，使用该效果可以模拟霓虹灯、流光溢彩等迷幻效果。

3. 描边

描边效果可以在图层上为描边设置动画，模拟草书文本或签名的笔记动作。

4. 音频频谱

音频频谱效果主要应用于食品图层，以显示包含音频（和可选视频）的图层的音频频谱。该效果可以多种不同方式显示音频频谱，包括沿蒙版路径。

9.5.3 "模糊和锐化"效果组

通常模糊效果会对特定像素周围的区域采样，并将采样平均值作为新值分配给此像素。无论大小是以半径还是长度形式表示，只要样本大小增加，模糊度就会增加。效果组中提供16个效果供选择，本节将介绍较为常用的一些效果。

1. 径向模糊

"径向模糊"效果围绕自定义的一个点产生模糊效果，越靠外模糊程度越强，常用来模拟镜头的推拉和旋转效果。在图层高质量开关打开的情况下，可以指定抗锯齿的程度，在草图质量下没有抗锯齿的作用。

添加效果并设置参数，效果对比如图9-66和图9-67所示。

图 9-66   图 9-67

2. 快速方框模糊

"快速方框模糊"效果经常用于模糊和柔化图像，去除画面中的杂点，在大面积应用时速度更快。

9.5.4 "透视"效果组

"透视"效果组可以为图像制作透视效果，也可以为二维素材添加三维效果。特效组中提供了10个效果供选择，本节将介绍较为常用的一些效果。

1. 径向阴影

径向阴影效果可以根据图像的Alpha通道为图像绘制阴影效果。添加效果并设置参数，效果对比如图9-68和图9-69所示。

图 9-68   图 9-69

2. 斜面 Alpha

斜面Alpha效果可以通过二维的Alpha通道使图像出现分界，形成假三维的倒角效果，特别适合包含文本的图像。

9.5.5 "扭曲"效果组

"扭曲"效果组是在不损坏图像质量的前提下，对图像进行拉伸、扭曲、挤压等操作，模拟出三维空间效果，从而展现出较为逼真的立体画面。特效组中提供了37个效果供选择，本节将介绍较为常用的一些效果。

1. 湍流置换

"湍流置换"效果可以利用不规则的变形置换图层，对图像进行扭曲变形，制作出一些流体效果，如流水、烟雾等。添加效果并设置参数，效果对比如图9-70和图9-71所示。

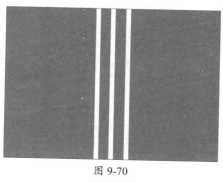
图 9-70

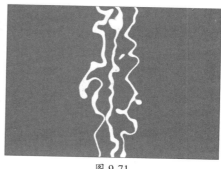
图 9-71

2. 置换图

"置换图"效果可以根据指定的控件图层中的像素颜色值置换像素，从而扭曲图层。"置换图"效果创建出的扭曲类型各不相同，具体取决于选择的控件图层和选项。

3. 边角定位

"边角定位"效果可以通过重新定位其四个边角的每一个来扭曲图像，可用于伸展、收缩、倾斜或扭转图像，或者模拟从图层边缘开始转动的透视或运动，如开门。为图层添加特效后，在"效果控件"面板中可以设置相关属性，效果对比如图9-72和图9-73所示。

图 9-72

图 9-73

9.5.6 "过渡"效果组

After Effects的"过渡"效果组可以为图层添加特殊效果并实现转场过渡，可以让图像和视频展示出神奇的视觉效果。效果组中提供了17个效果供选择，本节将介绍较为常用的一些效果。

1. 卡片擦除

卡片擦除效果可以模拟卡片的翻转并通过擦除切换到另一个画面。调整参数可以看到不同的过渡效果，如图9-74和图9-75所示。

2. 百叶窗

百叶窗效果通过分割的方式对图像进行擦拭，以达到切换转场的目的，就如同生活中的百叶窗闭合一样。调整参数可以看到不同的过渡效果，如图9-76和图9-77所示。

图 9-74

图 9-75

图 9-76

图 9-77

综合实战：制作下雪特效

本案例将利用本章学到的调色效果及仿真粒子效果知识制作下雪特效，具体操作步骤如下。

步骤01 打开After Effects软件，新建项目后按Ctrl+I组合件导入本章素材文件，并将其拖曳至"合成"面板中新建合成，如图9-78所示。

图 9-78

步骤 02 执行"图层"|"新建"|"调整图层"命令新建调整图层,在"效果和预设"面板中搜索"曲线"效果拖曳至调整图层上,在"效果控件"面板中调整曲线,如图9-79所示。

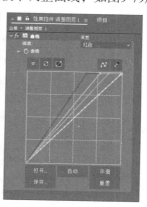

图 9-79

步骤 03 效果如图9-80所示。

步骤 04 在"效果和预设"面板中搜索"色相/饱和度"效果拖曳至调整图层上,在"效果控件"面板中设置参数,如图9-81所示。

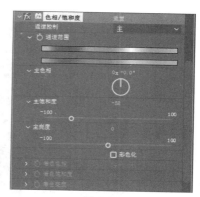

图 9-80

图 9-81

步骤 05 效果如图9-82所示。

步骤 06 在"效果和预设"面板中搜索CC Snowfall效果拖曳至调整图层上,在"效果控件"面板中设置参数,如图9-83所示。

图 9-82

图 9-83

步骤 07 效果如图9-84所示。

步骤 08 使用"横排文字工具"在"合成"面板中单击输入文字，在"字符"面板设置文字参数，在"对齐"面板设置文字与合成居中对齐，如图9-85所示。

图 9-84   图 9-85

步骤 09 效果如图9-86所示。

图 9-86

步骤 10 在"效果和预设"面板中搜索"边角飞入"效果拖曳至文本图层上添加动画预设，如图9-87所示。

图 9-87

步骤 11 移动当前时间指示器至0:00:05:00处，选中文本图层，按T键展开其"不透明度"参数添加关键帧；移动当前时间指示器至0:00:07:00处，更改"不透明度"参数为0%，软件将自动添加关键帧，如图9-88所示。

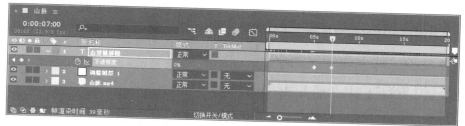

图 9-88

步骤 12 按空格键在"合成"面板中预览效果，如图9-89所示。

图 9-89

至此完成下雪特效的制作。

Q&A 新手答疑

1. Q：After Effects 中的效果如何添加并调整？

　　A：选中要添加效果的图层，执行"效果"命令或在"效果"面板中搜索要添加的视频效果拖曳至图层上即可将其添加。添加效果后，用户可以通过"时间轴"面板中的属性组或"效果控件"面板对视频效果的属性进行设置。

2. Q：怎么制作雨滴滴落在水面上的效果？

　　A：通过添加CC Drizzle（细雨）效果即可制作雨滴滴落在水面上的效果。选择图层后执行"效果"|"模拟"| CC Drizzle（细雨）命令，在"效果控件"面板中设置参数可以控制雨滴滴落的速度、涟漪存在的时间、范围等。

3. Q：如何制作带有背景效果的粒子运动？

　　A：如果需要制作带有背景效果的粒子运动，可以在作为背景的图层上创建一个纯色图层，将特效添加至该纯色图层即可。

4. Q：After Effects 中如何安装第三方插件？

　　A：After Effects中一般可以通过以下步骤安装插件。

- 下载插件，并确保其与After Effects版本兼容。
- 根据下载的插件文件进行解压或运行。
- 找到计算机中的After Effects安装目录，将插件文件复制或粘贴至Plug-ins文件夹中。
- 重启After Effects软件，软件将自动扫描加载新安装的插件。
- 在After Effects中应用插件以验证插件是否可用。

不同的插件可能会有不同的安装步骤或特定要求，因此在安装过程中应遵循插件提供的安装指南或说明文档。如果遇到问题，可以查阅插件开发者提供的技术支持或在线搜索相关解决方案。

5. Q：如何制作扫光文字效果？

　　A：通过添加CC Light Burst 2.5（CC光线缩放2.5）效果并结合关键帧即可制作扫光文字效果，CC Light Burst 2.5（CC光线缩放2.5）特效类似于"径向模糊"效果，可以使图像局部产生强烈的光线放射效果。选择图层后执行"效果"|"生成"| CC Light Burst2.5（CC光线缩放2.5）命令，在"效果控件"面板中为Center（中心）和Ray Length（光线强度）参数添加关键帧制作动态效果即可。

Premiere
After Effects
Audition

第 **10** 章
数字音频编辑
技术的应用

Audition提供强大的音频编辑、混音、修复和精细化处理功能。用户可以利用Audition进行多轨录音、剪辑、添加效果、调整音频质量和动态范围，还能与Adobe的其他视频编辑软件，如Premiere Pro无缝集成，使音频和视频制作者能够高效地完成作品。此外，它也支持多种音频格式和插件，拓展了其在音频制作中的应用灵活性。本章将对Audition的应用知识进行详细介绍。

10.1 Audition工作界面

Audition（AU）是一款功能强大、效果出色的多轨录音和音频处理软件，也是非常出色的数字音乐编辑器和MP3制作软件。Audition广泛应用于影视配音、广播电台、多媒体、流媒体以及有声书录制等方面。

熟悉和掌握Audition工作区的组成和功能，并能灵活切换，才能快速、便捷地使用软件编辑音频。Audition的工作区较之以往更加美观、专业、灵活，如图10-1所示。

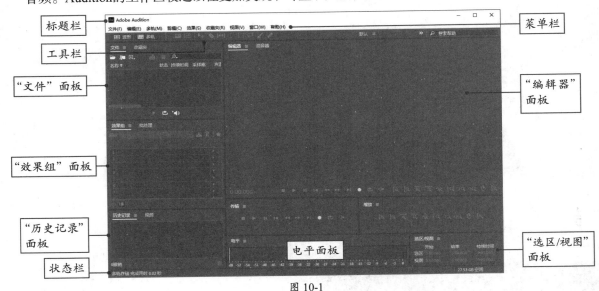

图 10-1

1. 标题栏

标题栏位于整个工作区的顶端，显示当前应用程序的图标和名称，以及用于控制文件窗口显示大小的"最小化"按钮、"最大化"按钮、"关闭"按钮。

2. 菜单栏

菜单栏位于标题栏下方，由"文件""编辑""多轨""剪辑""效果""收藏夹""视图""窗口"和"帮助"9个菜单项组成，单击这些菜单名称时会弹出相应的下拉菜单，提供实现各种不同功能的命令。按F1键，会快速打开Audition的"帮助"窗口，在其中可以查阅相应的帮助信息。

3. 工具栏

工具栏位于菜单栏下方，提供一些用于快速访问的工具，大致可分为视图切换工具、单轨视图选取工具和多轨视图选取工具3种类型，如图10-2所示，最右侧可以进行工作区样式的选择与编辑操作。

图 10-2

各工具按钮的主要功能介绍如下。

- **波形** ⊞ 波形：单击该按钮，可以在"波形"编辑状态下编辑单轨中的音频波形。
- **多轨** ▦ 多轨：单击该按钮，可以在"多轨"编辑状态下编辑多轨中的音频对象。
- **显示频谱频率显示器** ▤：单击该按钮，可以显示音频素材频谱频率。
- **显示频谱音调显示器** ▨：单击该按钮，可以显示音频素材频谱音调。
- **移动工具** ▶：单击该按钮，可以对音频素材进行移动操作。
- **切断所选剪辑工具** ◈：单击该按钮，可以对音频素材进行分割操作。
- **滑动工具** ↔：单击该按钮，可以对音频素材进行滑动操作。
- **时间选择工具** Ⅰ：单击该按钮，可以对音频素材进行部分选择操作。
- **框选工具** ▦：单击该按钮，可以对音频素材进行框选操作。
- **套索选择工具** ◯：单击该按钮，可以使用套索的方式选择音频素材。
- **画笔选择工具** ✎：单击该按钮，可以使用画笔的方式选择音频素材。
- **污点修复画笔工具** ◈：单击该按钮，可以对素材进行污点修复操作。

4. 面板

在工作界面中大部分区域显示的是Audition的功能面板，音轨的编辑和剪辑等操作都在这些面板中进行。在菜单栏单击"窗口"菜单，弹出的下拉列表中提供了Audition中所有的面板选项。选项左侧用于展示面板的显示状态，勾选即可将面板显示到工作区，用户可以选择显示较为常用的面板，以提高工作效率。

10.2 项目文件的基本操作

使用Audition对音乐进行编辑时，会涉及一些项目文件的基本操作，如新建、打开、保存、关闭等。

10.2.1 新建文件

Audition创建的项目文件可以用于存放制作音乐所需要的必要信息，软件中提供了三种项目文件的新建操作，可以新建多轨会话项目、音频文件项目、CD布局项目。

1. 新建音频文件

使用Audition进行录音时首先需要创建一个新的音频文件，新的空白音频文件最适合录制新音频或者合并粘贴的音频。用户可以通过以下方法新建音频文件。

- 执行"文件"|"新建"|"音频文件"命令。
- 在"文件"面板中单击"新建文件"按钮 ▣，在展开列表中选择"新建音频文件"选项。
- 按Ctrl+Shift+N组合键。

执行以上任意操作，系统会打开"新建音频文件"对话框，如图10-3所示。在该对话框中可以设置音频文件的名称、采样率、声道、位深度。

对话框中部分选项含义介绍如下。

- **采样率**：确定文件的频率范围。为了重现给定频率，采样率必须至少是该频率的两倍。
- **声道**：确定声波是单声道、立体声还是5.1环绕声。
- **位深度**：确定文件的振幅范围。32位色阶可在Audition中提供最大的处理灵活性。而为了与常见的应用程序兼容，需要在编辑完成后转换为较低的位深度。

图 10-3

2. 新建多轨会话

多轨会话是指在多条音频轨道上，将不同的音频文件进行合成操作。如果想将两个或两个以上的声音文件混合成一个声音文件，就需要创建多轨会话。

用户可以通过以下方法新建多轨会话。

- 执行"文件"|"新建"|"多轨会话"命令。
- 在"文件"面板中单击"新建"按钮，在展开的列表中选择"新建多轨会话"选项。
- 在"文件"面板中单击"插入到多轨混音中"按钮。
- 按Ctrl+N组合键。

执行以上任意操作，系统会打开"新建多轨会话"对话框，如图10-4所示。在该对话框中可以设置会话名称、文件夹位置、模板类型、采样率、位深度、混合模式。

对话框中部分选项含义介绍如下。

- **模板**：指定默认模板或用户所创建的模板。
- **混合**：选择将音轨混合为单声道、立体声或5.1混合音轨。

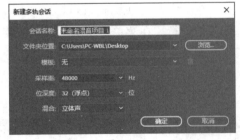

图 10-4

> ✅**知识点拨** 会话文件是基于XML的小文件，本身不包含任何音频数据，而是指向硬盘中的其他音频和视频文件。

10.2.2 打开文件

Audition可以在单轨界面中打开多种支持的声音文件或视频文件中的音频部分，也可以在多轨界面中打开Audition会话、Adobe Premiere Pro序列XML、Final Cut Pro XML交换和OMF的文件。用户可以通过以下方法打开文件。

- 执行"文件"|"打开"命令。
- 在"文件"面板中单击"打开文件"按钮 🗁。
- 按Ctrl+O组合键。

此外，还提供了文件追加功能，可以追加带有"CD音轨"标记的文件，以快速合成音频并应用一致的处理。要追加到活动文件，可执行"文件"|"追加打开"|"到当前文件"命令；要追加到新文件，可执行"文件"|"追加打开"|"到新文件"命令。

> ✅**知识点拨** 如果文件具有不同的采样率、位深度或通道类型，则 Adobe Audition 会转换选定的文件，以便与打开的文件相匹配。为了获得最佳效果，请追加与原始文件具有相同采样类型的文件。

10.2.3 导入文件

在音频编辑过程中，会使用到许多不同类型的素材，包括音频素材和RAW数据文件等。用户可以导入单独的素材进行整合，制作出一个内容丰富的作品。

1. 导入音频文件

Audition可以将计算机中已存在的音频文件导入软件的"编辑器"面板进行应用。用户可以通过以下方法新建音频文件。

- 执行"文件"|"导入"|"文件"命令。
- 在"文件"面板中单击"导入文件"按钮 。
- 按Ctrl+I组合键。

执行以上任意操作，系统会打开"导入文件"对话框，从本地文件夹中选择要导入的音频文件，单击"打开"按钮，即可将对象导入并在波形"编辑器"面板中打开，如图10-5和图10-6所示。

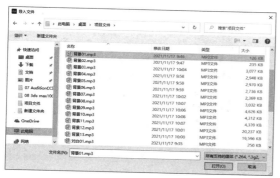

图 10-5

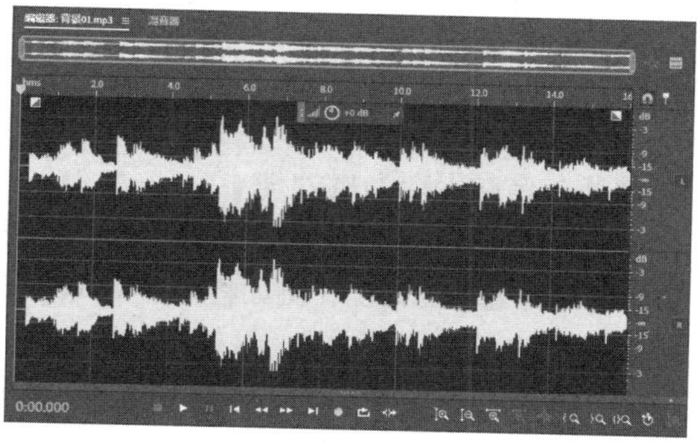

图 10-6

2. 导入原始数据

对于缺少描述采样类型的标头信息的文件，可以采用导入原始数据的方法导入Audition。执行"文件"|"导入"|"原始数据"命令，会打开"导入原始数据"对话框，选择要导入的对象即可。

10.2.4 保存文件

项目文件制作完毕后，需要保存操作，以便于下次继续编辑。用户可以对项目文件进行"保存""另存为""将选区保存为""全部保存""将所有音频保存为批处理"等操作。

1. 保存文件

在波形"编辑器"面板中，用户可以采用各种常见格式来保存音频文件，所选择的格式取决于计划使用文件的方式。执行"文件"|"保存"命令，系统会打开如图10-7所示的"另存为"对话框，从中可以设置文件名称、存储位置、格式等参数。

2. 另存为文件

如果需要以不同的文件名保存更改，可执行"文件"|"另存为"命令进行保存，系统会打

开"另存为"对话框。音频文件另存为所打开的对话框与"保存"命令打开的对话框相同，多轨会话文件的"另存为"操作所打开的对话框如图10-8所示。

图 10-7

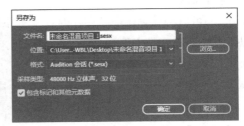

图 10-8

3. 将选区保存为

要将当前选区内的音频片段另存为新文件，可执行"文件"|"将选区保存为"命令，系统会打开"选区另存为"对话框，如图10-9所示。

4. 将所有音频保存为批处理

在音频处理过程中，可能会遇到大量音效音乐需要做同一种处理的情况，例如将多种格式的音频文件转换为统一格式。全部手动操作，无疑工作量十分巨大，这里就要使用到"批处理"功能。执行"文件"|"将所有音频保存为批处理"命令，该命令会将全部音频文件放入"批处理"面板，以便为保存做准备，如图10-10所示。

图 10-9

单击"导出设置"按钮会打开"导出设置"对话框。在该对话框中可对文件的前缀/后缀、存储位置、文件格式等参数进行设置，如图10-11所示。

图 10-10

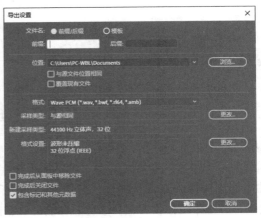

图 10-11

> ✅**知识点拨** 在"批处理"面板中，用户可以将收藏的效果器应用至所有文件。如果仅希望原样保持文件而不进行其他效果处理，请选择"无"选项。

10.3　音频的基本操作

本节将对音频的查看、控制、录制、编辑、输出等操作进行介绍。

10.3.1　查看音频

灵活地查看音频波形，可以很好地帮助用户分析与编辑音频。音频文件被调入Audition的编辑器中后，可以使用面板中的按钮对音频的波形进行缩放控制，如图10-12所示。下面介绍较为常用的几种工具。

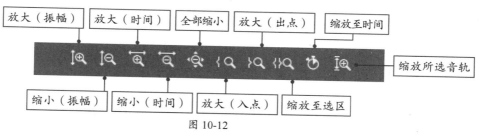

图 10-12

（1）放大/缩小（振幅）

单击"放大（振幅）"或"缩小（振幅）"按钮会垂直放大或缩小音频波形或轨道。图10-13和图10-14所示为放大/缩小后的波形效果。

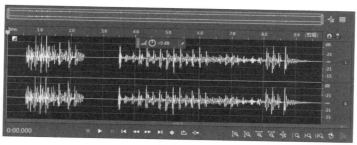

图 10-13

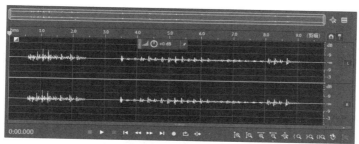

图 10-14

✔知识点拨　将光标放置到振幅标尺上，向上滑动鼠标滚轮可以放大波形，向下滑动则缩小波形。

（2）放大/缩小（时间）

单击"放大（时间）"或"缩小（时间）"按钮会放大或缩小波形或多轨会话的时间码，从而更好地查看音频波形或轨道。图10-15所示为放大（时间）效果。

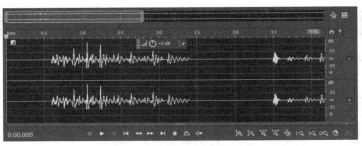

图 10-15

✅ **知识点拨** 将光标放置到波形编辑区，向上滑动鼠标滚轮可以放大时间码，向下滑动则缩小时间码；在多轨编辑器中，按住Ctrl键的同时滑动滚轮，同样可以放大或缩小时间码。

（3）全部缩小

单击"全部缩小"按钮会使波形缩小以显示整个音频文件或多轨会话。

（4）放大（入点/出点）

单击"放大入点"或"放大出点"按钮可以根据当前选区的起始或结束位置进行放大操作。

（5）缩放至选区

单击"缩放至选区"按钮可以将当前选区内的音频波形最大化显示。

10.3.2 控制音频

在Audition中，用户可以通过"编辑器"面板或"传输"面板对音频进行实时录音、播放、停止、快进等操作，如图10-16所示。

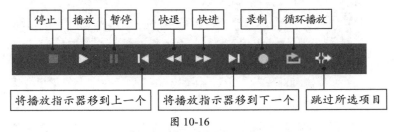

图 10-16

（1）播放、停止、暂停

在音频编辑过程中，播放、停止和暂停是最常用的操作，对用户分析与编辑音频起着至关重要的作用。用户可以按空格键来控制音频的播放和停止。

（2）快退/快进

单击"快退"按钮和"快进"按钮可以在播放状态下以恒定或变速的方式进行倒放与快速前进。在停止状态下，则可以以变速的方式调整指示器的位置。

（3）移动时间指示器

单击"将播放指示器到上一个"按钮和"将播放指示器到下一个"按钮可以快速移动指示器到上一个标记点或下一个标记点。

（4）录制

单击"录制"按钮不仅可以对输入设备录制声音，还可以录制系统内的声音。用户可以按

Shift+空格组合键控制"录制"功能。

（5）循环播放

单击"循环播放"按钮可以对整个音频波形或选择区域的音频进行循环性的播放，以便于反复试听。

（6）跳过所选项目

在播放时忽略（或跳过）已选择的音频部分。

10.3.3　录制音频

使用计算机录音软件成本低、音质好、噪声小、操作方便且持续时间长，这种录音方式已经成为专业录音领域中新一代的"超级录音机"。

1. 录音类型

根据工作原理、录制难度以及外界干扰的不同可以将录音方式分为内录和外录两种。

（1）内录

内录是指将正在播放的声音由内部录制下来的过程，通常是利用计算机自带的录音机或者录音软件完成。这种录制方法不受外界干扰，音频信号不受损失，录制质量较好。例如，录制网络歌曲、录制收音机中的电台节目等。

在开始录制之前，首先要准备一根4.5mm插头的音频线，用于连接收音机和计算机的端口，通过音频线将收音机中的声音通过计算机播放出来，如图10-17所示。在Windows系统的"声音"对话框中，选择"录制"设备的"Line In（线路输入）"选项，接下来即可使用软件对电台节目进行录制，如图10-18所示。

图 10-17

图 10-18

（2）外录

外录是指把外部的声音通过麦克风或者录音机的拾音设备传输到录音系统，再将声音信号录制在存储介质中。这种录制方式容易受到外界干扰，声音信号容易失真，但可以很方便地录制人声等多种声音信号。

2. 单轨录音

使用单轨录音时，用户可以录制来自插入到声卡"线路输入"端口的麦克风或任何设备的音频。将麦克风与计算机声卡的Microphone接口连接，再设置录音选项的来源为"麦克风"，如图10-19所示。

图 10-19

启动Audition应用程序，执行"文件"|"新建"|"音频文件"命令，在打开的"新建音频文件"对话框中输入文件名并设置参数，单击"确定"按钮创建新的音频文件。在"编辑器"面板下方单击"录制"按钮即可开始录音。

> **注意事项** 电平表的音频分贝分为绿色、黄色、红色三个区域，在录音时要注意选择合适的电平，最佳输入电平不应到达电平表的红色区域。图10-20～图10-22所示分别是电平过小、电平适中以及电平过大的显示效果。

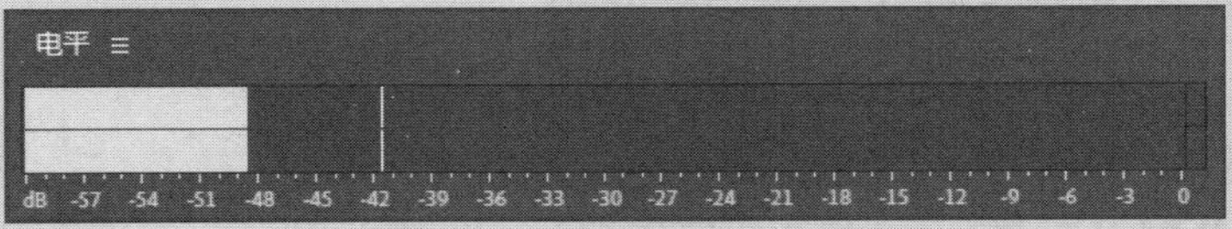

图 10-20

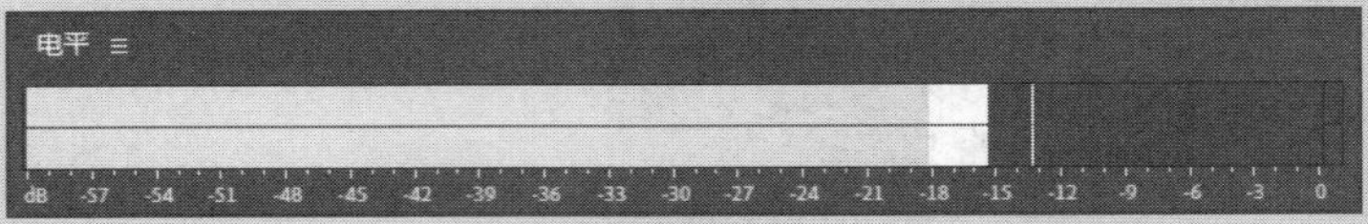

图 10-21

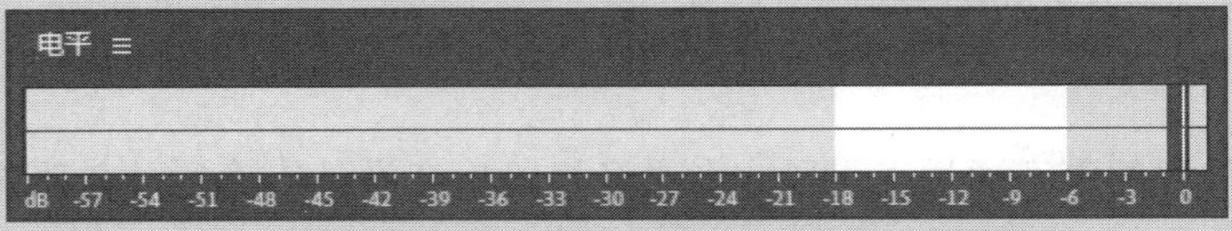

图 10-22

3. 多轨录音

多轨录音是指同时在多个音轨中录制不同的音频信号，然后通过混合获得一个完整的作品。多轨录音还可以先录制好一部分音频保存在音轨中，再进行其他部分的录制，最终将它们混合制作成一个完整的波形文件。

在多轨"编辑器"面板中可以看到每个轨道的左侧都有一个音轨控制区，用于音频的控制操作，如图10-23所示。音轨控制区的控制功能可分为两类，一类由一组固定功能组成，包括播放、静音、录音、监听、音量、立体声平衡等；另一类则是由变化的控制功能组成，根据控制模式的不同显示不同的功能。

● **静音 M**：激活该按钮，按钮显示为绿色 M，会使当前音轨静音。

● **独奏 S**：在有多条音轨播放时，激活该按钮，按钮显示为黄色 S，会只播放该音轨的内容。

● **录音准备 R**：激活该按钮，按钮显示为红色 R，表示已经做好录音准备。通过麦克风输入声音时，其下方会显示电平信号，如图10-24所示。

● **监听 I**：激活该按钮，按钮显示为橙色 I，可以从扬声器监听当前录音效果。要注意的是，在激活"录音准备"按钮的前提下才能激活"监听"按钮。

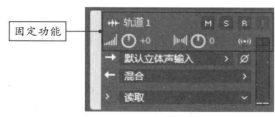

图 10-23　　　　　　　　　　　　　图 10-24

✅**知识点拨** 在多轨"编辑器"面板中，用户可以录音和混音无限多个轨道，每个轨道可以包含用户需要的剪辑，唯一的限制是硬盘空间和处理能力。

在多轨"编辑器"面板中，Audition可以自动将每个录制的剪辑直接保存为WAV文件。直接录制为文件可快速录制和保存多个剪辑，从而提供极大的灵活性。

10.3.4　编辑音频

音频在Audition中以波形表示，编辑波形音频的本质是选定一段音频波，然后改变其振幅。与其他软件的编辑类似，包括选择、复制、剪切、粘贴、删除等操作。

1. 选择

在对音频编辑之前，首先需要选择编辑波形或波形范围，才能继续进行操作。波形的选择分为多种方式，下面进行详细介绍。

（1）选择部分波形

用户可以使用以下方法选择波形中的一部分。

● 单击并拖曳光标即可选择波形片段，如图10-25所示。

● 在开始时间处单击，按住Shift+方向键进行选择。

● 在"选区/视图"面板设置选区的开始时间和结束时间。

（2）选择全部波形

如果想要选择全部波形可以使用以下几种方法。

● 使用鼠标拖曳的方法，从头至尾选取全部波形，如图10-26所示。

● 执行"编辑"|"选择"|"全选"命令。

● 在波形上右击，在弹出的快捷菜单中执行"全选"命令。

● 在波形上快速单击三次。

● 按Ctrl+A组合键。

图 10-25

图 10-26

（3）选择单个声道的波形

如果想要选择立体声文件的某个声道，要先进行首选项设置。在"首选项"对话框的"常规"选项设置中勾选"允许相关敏感度声道编辑"复选框，如图10-27所示。

如果要选择左声道中的某段波形，需要将光标放置在左声道波形的上方位置，当光标右下方出现 小图标时，单击并拖曳光标即可选择左声道的波形片段，如图10-28所示。如果要选择右声道中的某段波形，方法同理。

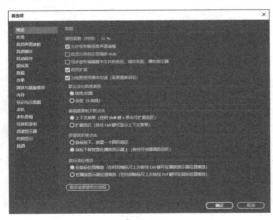
图 10-27

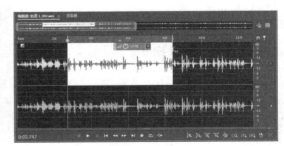
图 10-28

（4）选择查看区域

查看区域是指波形的显示区域，是音频文件时间较长或者对波形进行放大显示后，当前查看区域所显示的部分波形。查看区域的波形可以使用以下几种方法。

● 在波形上双击，即可选择当前查看区域的波形，如图10-29所示。

● 执行"编辑"|"选择"|"选择当前视图时间"命令。

● 在波形上右击，在弹出的快捷菜单中执行"选择当前视图时间"命令。

图 10-29

2. 复制

使用复制、剪切、粘贴操作可以将整段音频或音频中的一段粘贴到另一段音频中。复制是简化音频编辑的有效方式之一，在编辑音频的过程中，有与上部分相同的音频部分时，即可以使用复制功能来避免重复的编辑工作。使用"复制"命令，可以将所选音频数据复制到剪贴板。复制波形可以使用以下几种方法。

- 选择音频波形，执行"编辑"|"复制"命令。
- 在波形上右击，在弹出的快捷菜单中执行"复制"命令。
- 选择音频波形，按Ctrl+C组合键。

使用"复制到新文件"命令，可以将音频数据复制并将其生成新的文件。复制到新文件可以使用以下几种方法。

- 选择音频波形，执行"编辑"|"复制到新文件"命令。
- 在波形上右击，在弹出的快捷菜单中执行"复制到新文件"命令。
- 选择音频波形，按Shift+Alt+C组合键。

3. 剪切

使用"剪切"命令，可以从当前波形中删除所选音频数据，并将其复制到剪贴板，以便于后面的粘贴操作。剪切波形可以使用以下几种方法。

- 选择音频波形，执行"编辑"|"剪切"命令。
- 在波形上右击，在弹出的快捷菜单中执行"剪切"命令。
- 选择音频波形，按Ctrl+X组合键。

4. 粘贴

使用"粘贴"命令，可以将剪贴板的音频数据放置在要插入音频的位置或替换一段片段（时间指示器所在的位置）。用户可以通过以下几种方式粘贴波形。

- 选择音频波形，执行"编辑"|"粘贴"命令。
- 在要粘贴的位置右击，在弹出的快捷菜单中执行"粘贴"命令。
- 将时间指示器移动到要粘贴的位置，按Ctrl+V组合键。

5. 删除

使用"删除"命令可以将选区内的波形去除，而选区外的波形被保留。用户可以使用以下几种方法删除波形。

- 选择音频波形，执行"编辑"|"删除"命令。
- 选择音频波形，右击，在弹出的快捷菜单中执行"删除"命令。
- 选择音频波形，按Delete键。

6. 裁剪

"裁剪"命令可以将选区内的波形保留，未被选中区域的波形则被删除，如果要截取一段音频的波形可以使用该命令。用户可以使用以下方法裁剪波形。

- 选择音频波形，执行"编辑"|"裁剪"命令。
- 选择音频波形，右击，在弹出的快捷菜单中执行"裁剪"命令。
- 选择音频波形，按Ctrl+T组合键。

10.3.5 输出音频

音频编辑完毕后，用户可以选择将其输出为各种格式，也可以直接发送到其他软件中进行继续编辑。

1. 导出到 Adobe Premiere Pro

Adobe Premiere Pro和Audition可以直接在序列和多轨会话之间交换音频，任何序列标记都会显示在Audition中，并可保留单独的轨道以实现最大编辑灵活性。

执行"文件"|"导出"|"导出到Adobe Premiere Pro"命令，会打开"导出到Adobe Premiere Pro"对话框，如图10-30所示。

该对话框中部分参数含义介绍如下。

图 10-30

- **采样率**：默认情况下，反映的是原始序列采样率。选择其他采样率以重新采样不同输出媒体的文件。
- **混音会话为**：把会话导出至单个单声道、立体声或5.1文件。
- **在Adobe Premiere Pro中打开**：在Premiere Pro中自动打开序列。如果用户打算稍后编辑该序列，或把它传输到不同的计算机，可取消勾选此复选选框。

2. 导出多轨混音

在完成多轨混合会话之后，用户可以采用各种常见的格式导出该会话的全部或部分。在导出时，所产生的文件会反映出混合音轨的当前音量、声像和效果设置。

执行"文件"|"导出"|"多轨混音"命令，在级联菜单中提供了三个导出选项："时间选区""整个会话""所选剪辑"。

- **时间选区**：导出被选择区域的所有音轨的音频内容。
- **整个会话**：导出完整的多轨会话内容。
- **所选剪辑**：导出选中的剪辑或剪辑片段。

执行以上操作后，都会打开"导出多轨混音"对话框，如图10-31所示。

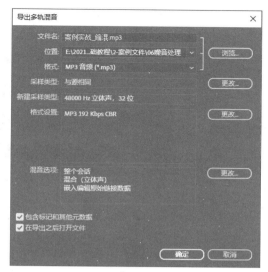

图 10-31

动手练 剪辑一首歌曲 ────────────

本案例将对一首完整的歌曲进行选择、删除等操作，保留剩余的部分。具体操作步骤介绍如下。

步骤 01 打开准备好的音频文件，如图10-32所示。随后按空格键先预览一遍音频。

步骤 02 拖动轨道上方的控制柄放大波形，选择一段波形，如图10-33所示。

图 10-32

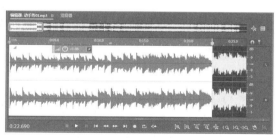

图 10-33

步骤 03 执行"编辑"|"复制到新文件"命令，系统会将所选片段复制到新的文件，如图10-34所示。

步骤 04 按Ctrl+Tab组合键切换到源文件"编辑器"面板，选择一段波形，如图10-35所示。

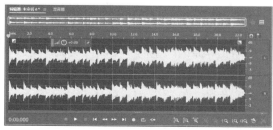

图 10-34

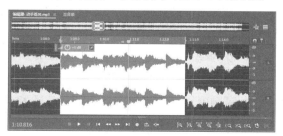

图 10-35

步骤05 执行"编辑"|"复制"命令，再切换到新文件的"编辑器"面板，将时间指示器移动到结束位置，再执行"编辑"|"粘贴"命令将波形片段粘贴到该位置，如图10-36所示。

步骤06 最后再复制粘贴一段结尾处的波形片段，如图10-37所示。

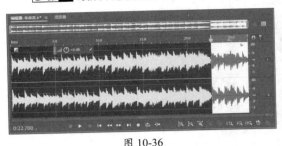

图 10-36

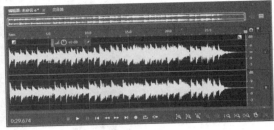

图 10-37

步骤07 单击"播放"按钮，试听拼接后的音频效果。

步骤08 最后执行"文件"|"保存"命令，将拼接的音频保存。

10.4 噪声的处理

无论是电视节目、广播、音乐节目还是教学视频，在制作时都会涉及录制音频的问题，也不可避免地存在一些噪声。当噪声太明显时会影响听觉效果，这就需要对其进行技术处理。

10.4.1 关于噪声

从音响技术的角度上讲，凡属于传声器拾取来的或是信号传输过程中设备带来的对节目信号起干扰作用的声音，都可以称为噪声。通常将噪声来源分为两类：环境噪声和本底噪声。

1. 环境噪声

环境噪声主要来源于外部，指录音过程中自然环境产生的噪声，可分为两类。

- **持续性环境噪声**：如室外的汽车、人声，室内墙壁的反射、机器设备发出的噪声，室内空调、风扇、电灯，包括计算机内部风扇发出的声音等。
- **突发性环境噪声**：指突然出现的环境噪声，如咳嗽、打喷嚏、脚步声、汽车喇叭声、手机铃声、关门声等。

2. 本底噪声

本底噪声是指除环境以外的噪声，一般指电声系统中除有用信号以外的总噪声，录音过程中各种设备产生的规则或不规则的噪声，被称为本底噪声或背景噪声。本底噪声又包括低频噪声和高频噪声两种。

- **低频噪声**：由于音频电缆屏蔽不良、设备接地不实等原因产生的"嗡嗡"交流声（50~100Hz）称为低频噪声。
- **高频噪声**：由于放大器、调频广播和录音磁带产生的"咝咝"声（8kHz以上）称为高频噪声或白噪声。

10.4.2　降噪

"降噪"效果器可显著降低背景和宽频噪声，并且尽可能不会影响信号品质，此效果可用于去除噪声组合，包括磁带嘶嘶声、麦克风背景噪声、电线嗡嗡声或波形中任何恒定的噪声。

选择音频，为其添加"降噪"效果，会打开"效果-降噪"对话框，如图10-38所示。对话框中各选项含义介绍如下。

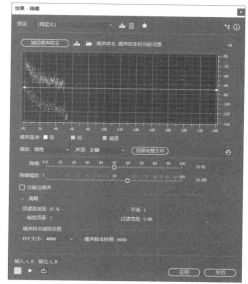

图 10-38

- **捕捉噪声样本：** 捕捉当前选区作为噪声样本。可事先在选区上右击选择本功能。

- **缩放：** 确定如何沿水平轴排列频率，包括对数和线性两种。注：刻度指的是图中的缩放。

- **声道：** 在图中显示选定声道。降噪量对于所有声道始终是相同的。

- **选择完整文件：** 将捕捉的噪声样本应用到整个文件。

- **降噪：** 控制输出信号中的降噪程度。在预览音频时微调此设置，以在最小失真的情况下获得最大降噪。

- **降噪幅度：** 确定检测到的噪声的降低幅度。6～30dB的值效果很好。要减少发泡失真，请输入较低值。

- **仅输出噪声：** 仅预览噪声，以便确定该效果是否将去除那些需要的音频。

- **频谱衰减率：** 指定当音频低于噪声基准时处理的频率的百分比。微调该百分比可实现更大程度的降噪而失真更少，40%～75%的值效果很好。低于这些值时，经常会听到发泡声音失真；高于这些值时，通常会保留过度噪声。

- **平滑：** 考虑每个频段内噪声信号的变化。分析后变化非常大的频段（如白噪声）将以不同于恒定频段（如60Hz嗡嗡声）的方式进行平滑。通常，提高平滑量（最高为2左右）可减少发泡背景失真，但代价是增加整体背景宽频噪声。

- **精度因数：** 用于控制振幅变化。值为5～10时效果很好，奇数适合于对称处理。值等于或小于3时，将在大型块中执行快速傅立叶变换，在这些块之间可能会出现音量下降或峰值。值超过10时，不会产生任何明显的品质变化，但会增加处理时间。

- **过渡宽度：** 用于确定噪声和所需音频之间的振幅范围。例如，零宽度会将锐利的噪声门应用到每个频段。高于阈值的音频将保留；低于阈值的音频将截断为静音。也可以指定一个范围，处于该范围内的音频将根据输入电平消隐至静音。例如，如果过渡宽度为10dB，频段的噪声电平为-60dB，则-60dB的音频保持不变，-62dB的音频略微减少，-70dB的音频完全去除。

- **FFT 大小：** 用于确定分析的单个频段的数量。此选项会引起激烈的品质变化。每个频段的噪声都会单独处理，因此频段越多，用于去除噪声的频率细节越精细。

- **噪声样本快照：** 用于确定捕捉的配置文件中包含的噪声快照数量。值为4000时适合生成准确数据。非常小的值对不同的降噪级别的影响很大。

> **!注意事项** 对于有DC偏移的音频，先使用Au菜单：收藏夹/修复DC偏移之后，再应用本效果。

动手练 消除音频中的环境噪声

在自然环境下录制的音频所含噪声较多，下面介绍对音频进行降噪的处理方法，具体操作介绍如下。

步骤01 打开准备好的音频文件，如图10-39所示。随后单击"播放"按钮先试听一遍，会发现录音中的噪声很大。

步骤02 在工具栏中单击"显示频谱频率显示器"按钮，会在"编辑器"面板中显示频谱，如图10-40所示。

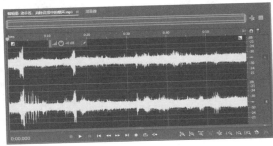
图 10-39

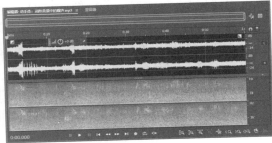
图 10-40

步骤03 放大时间码，使用"框选工具"在频谱中选择一段噪声区，如图10-41所示。

步骤04 执行"效果"|"降噪/恢复"|"降噪（处理）"命令，打开"效果-降噪"对话框，先单击"捕捉噪声样本"按钮获取噪声样本，如图10-42所示。

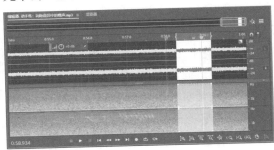
图 10-41

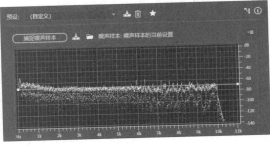
图 10-42

步骤05 再单击"选择完整文件"按钮，在"编辑器"面板中选择完整的音频文件，如图10-43所示。

图 10-43

步骤 06 在"效果-降噪"对话框中重新调整"降噪"和"降噪幅度"参数，如图10-44所示。

步骤 07 单击"应用"按钮应用效果，可以看到处理过的频谱效果，如图10-45所示。

步骤 08 按空格键播放录音，试听降噪后的效果。

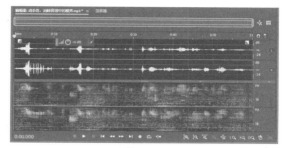

图 10-44　　　　　　　　　　　　　　　　　　　　图 10-45

10.4.3　自适应降噪

"自适应降噪"效果器可以快速去除变化的宽频噪声，如背景声音、隆隆声和风声。由于此效果实时起作用，用户可以将该效果与"效果组"中的其他效果合并，并在多轨"编辑器"面板中应用。

选择音频，为其添加"自适应降噪"效果，会打开"效果-自适应降噪"对话框，如图10-46所示。

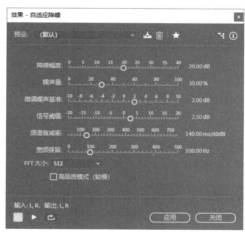

图 10-46

对话框中各选项含义介绍如下。

- **降噪幅度：**确定降噪的级别。6～30 dB的值效果很好。要减少发泡背景效果，请输入较低值。
- **噪声量：**表示包含噪声的原始音频的百分比。
- **微调噪声基准：**将噪声基准手动调整到自动计算的噪声基准之上或之下。
- **信号阈值：**将所需音频的阈值手动调整到自动计算的阈值之上或之下。
- **频谱衰减率：**确定噪声处理下降60dB的速度。微调该设置可实现更大程度的降噪而失真更少。过短的值会产生发泡效果；过长的值会产生混响效果。

- **宽频保留：** 保留介于指定的频段与找到的失真之间的所需音频。例如，设置为100Hz可确保不会删除高于100Hz或低于找到的失真的任何音频。更低设置可去除更多噪声，但可能引入可听见的处理效果。
- **FFT大小：** 确定分析的单个频段的数量。选择高设置可提高频率分辨率；选择低设置可提高时间分辨率。高设置适用于持续时间长的失真（如吱吱声或电线嗡嗡声），而低设置更适合处理瞬时失真（如咔嗒声或爆音）。

10.4.4 消除"嗡嗡"声

"消除'嗡嗡'声"效果器可以去除窄频段及其谐波，最常见的是照明设备和电子设备的电线嗡嗡声。但"消除'嗡嗡'声"也可以应用陷波滤波器，以从源音频中去除过度的谐振频率。

选择音频，为其添加"消除'嗡嗡'声"效果，会打开"效果-消除嗡嗡声"对话框，如图10-47所示。

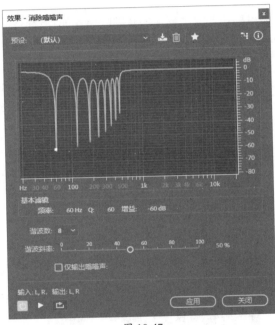

图 10-47

对话框中各选项含义介绍如下。

- **频率：** 设置"嗡嗡"声的根频率。如果不确定精确的频率，请在预览音频时反复拖动此设置。
- **Q：** 设置上面的根频率和谐波的宽度。值越高，影响的频率范围越窄；值越低，影响的频率范围越宽。
- **增益：** 确定"嗡嗡"声减弱量。
- **谐波数：** 指定要影响的谐波频率数量。
- **谐波斜率：** 更改谐波频率的减弱比。
- **仅输出嗡嗡声：** 让用户预览去除的"嗡嗡"声以确定是否包含任何需要的音频。

10.4.5　减少混响

"减少混响"效果可评估混响轮廓并帮助调整混响总量。选择音频，为其添加"减少混响"效果，会打开"效果-减少混响"对话框，如图10-48所示。

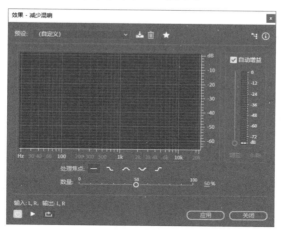

图 10-48

❶注意事项 应用"减少混响"效果可能导致输出电平降低（与原始音频相比），原因是动态范围的降低。输出增益可作为增益补偿，且可调整输出信号的电平。

动手练 消除录音中的回声

在较大或者较为空旷的室内录制音频时，很容易产生回声。本案例将介绍如何消除录音中产生的回声，操作步骤介绍如下。

步骤01 打开准备好的音频文件，如图10-49所示。单击"播放"按钮试听音频效果。

步骤02 执行"效果"|"降噪/恢复"|"减少混响"命令，打开"效果-减少混响"对话框，选择"处理焦点"类型，再调整处理数量，单击"预览播放"按钮试听效果，如图10-50所示。

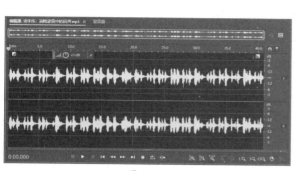

图 10-49

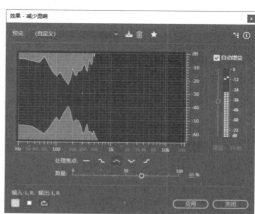

图 10-50

步骤03 确定达到想要的效果后，单击"应用"按钮为音频应用效果。

10.5 音频编辑实操案例

本节将对Audition应用的典型案例制作进行介绍，知识点包括效果器的应用、多轨会话功能的应用、后期混音及输出等。

动手练 制作淡入淡出效果

从完整的音乐作品中引用一个片段，可以将片段的开始和结束做成淡入淡出效果，使其听起来不那么突兀，显得更加自然。具体操作步骤介绍如下。

步骤01 打开准备好的音频素材，如图10-51所示。单击"播放"按钮先试听一遍完整的音乐。

步骤02 放大时间选区，选择一段比较完整的片段，如图10-52所示。

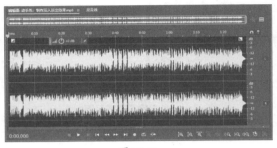

图 10-51

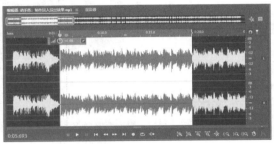

图 10-52

步骤03 右击，在弹出的快捷菜单中执行"复制到新文件"命令，会将选区内的波形片段复制到一个新的音频文件，如图10-53所示。

步骤04 执行"效果"|"振幅与压限"|"淡化包络"命令，打开"效果-淡化包络"对话框，选择"预设"模式为"平滑起奏"，如图10-54所示。

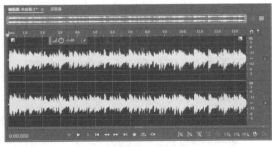

图 10-53

图 10-54

步骤05 在"编辑器"面板中可以看到调整曲线，如图10-55所示。按空格键播放并试听音乐效果。

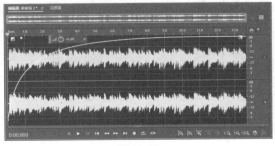

图 10-55

步骤06 单击"应用"按钮应用效果，如图10-56所示。

步骤07 再次添加"淡化包络"效果，选择"预设"为"平滑释放"模式，"编辑器"面板如图10-57所示。

图 10-56

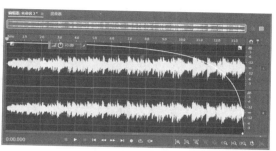

图 10-57

步骤08 单击"应用"按钮，可以看到"编辑器"面板中波形的变化，然后单击"播放"按钮试听音乐效果，如图10-58所示。

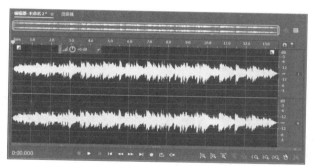

图 10-58

动手练 为伴奏降调

在使用伴奏唱K时，如果伴奏的音调太高，可能人声会唱不上去。本案例将利用"伸缩与变调"效果为伴奏降调，具体操作步骤介绍如下。

步骤01 打开准备好的音频文件，如图10-59所示。单击"播放"按钮试听音乐。

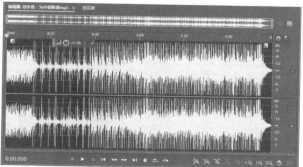

图 10-59

步骤02 为音频添加"伸缩与变调"命令，会打开"效果-伸缩与变调"对话框，且"编辑器"面板的下方会出现一个预览编辑器用于对比，如图10-60和图10-61所示。

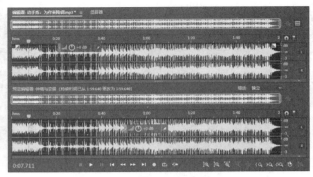

图 10-60 图 10-61

步骤 03 在"效果-伸缩与变调"对话框中输入"变调"参数为"-2半音阶"，如图10-62所示。

步骤 04 按Enter键确定，系统会创建新的预览序列，如图10-63所示。

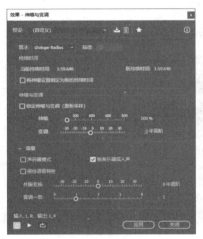
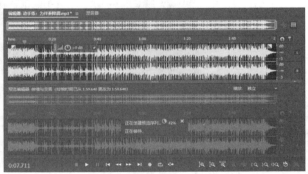

图 10-62 图 10-63

步骤 05 在对话框中单击"预览播放"按钮即可预览处理后的音频效果。

步骤 06 如果达到自己需要的效果，单击"应用"按钮关闭对话框，这里需要等待一些时间，系统会对音频文件应用效果，如图10-64所示。操作完毕后保存音频文件。

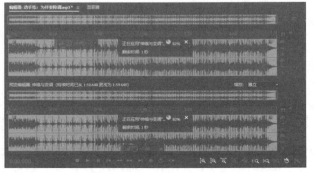

图 10-64

动手练 模拟合唱效果

本案例利用"和声"效果制作多人合唱的效果，具体操作步骤介绍如下。

步骤01 打开准备好的音频素材，如图10-65所示。随后按空格键试听音频，当前的音频音量偏小，可以根据需要进行调整。

步骤02 执行"效果"|"振幅与压限"|"增幅"命令，为音频添加"增幅"效果，打开"效果-增幅"对话框，这里设置"增益"参数，如图10-66所示。

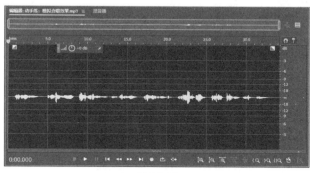

图 10-65

图 10-66

步骤03 单击"应用"按钮关闭对话框，即可增加音频的音量，如图10-67所示。

步骤04 执行"效果"|"调制"|"和声"命令，打开"效果-和声"对话框，这里可以选择合适的"预设"模式，如图10-68所示。

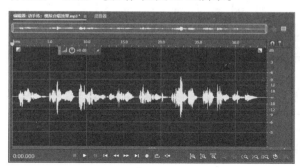

图 10-67

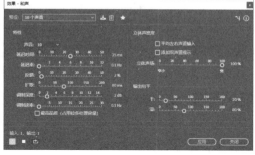

图 10-68

步骤05 单击"应用"按钮应用该效果，再按空格键即可试听多人合唱效果。

动手练 消除人声制作伴奏

本案例利用"中置声道提取器"效果对歌曲进行人声消除处理，将其制作成伴奏音乐。具体操作步骤介绍如下。

步骤01 打开准备好的音频文件，如图10-69所示。随后按空格键可以试听原歌曲效果。

步骤02 执行"效果"|"立体声声像"|"中置声道提取器"命令，打开"效果-中置声道提取"对话框，这里选择"预设"模式为"人声移除"，然后设置"频率范围"选项为"低音人声"，如图10-70所示。

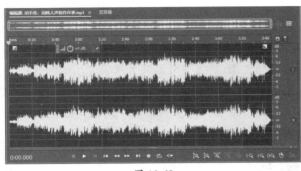

图 10-69   图 10-70

步骤 03 单击"预览播放"按钮，试听添加效果器后的音频，会发现歌曲中的人声并未完全移除。再切换到"鉴别"选项卡，设置"相位鉴别"参数，再设置"中心声道电平"和"侧边声道电平"参数，如图10-71所示。

步骤 04 单击"预览播放"按钮试听音频效果，达到需要的效果后单击"应用"按钮应用该效果，如图10-72所示。保存制作好的伴奏音频文件。

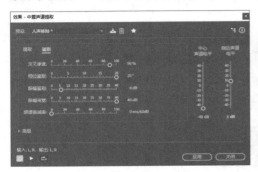

图 10-71

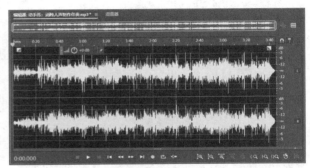

图 10-72

动手练 制作合唱歌曲

本案例将通过多轨编辑将两首版本不同的完整歌曲混编到一起，做成一首新的合唱歌曲。具体操作步骤介绍如下。

步骤 01 新建多轨会话，导入准备好的音频素材，并分别将素材拖入音轨，可以看到两首歌的波形基本一致，如图10-73所示。

步骤 02 放大歌曲起奏位置的波形，可以看到两个轨道开始位置的差距，如图10-74所示。

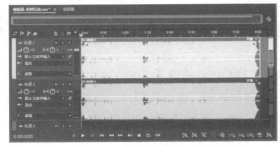

图 10-73

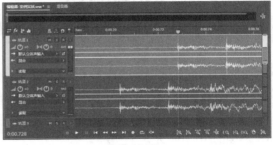

图 10-74

步骤 03 使用移动工具调整"轨道2"素材的位置，如图10-75所示。

步骤 04 按空格键试听音乐，在分段处添加标记，如图10-76所示。

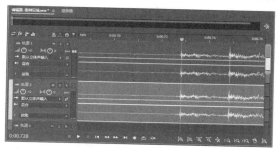

图 10-75

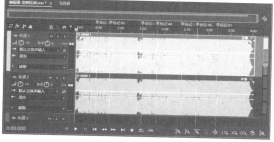

图 10-76

步骤 05 选择"轨道1"，并使用时间选择工具选择第一个片段，如图10-77所示。

步骤 06 执行"编辑"|"复制"命令复制剪辑，再选择"轨道3"，将剪辑粘贴到该轨道，如图10-78所示。

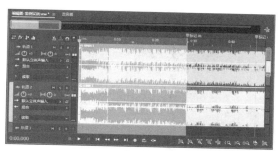

图 10-77

图 10-78

步骤 07 再依次选择"轨道1"的下一个片段，进行复制粘贴，如图10-79所示。

步骤 08 如此再对"轨道2"的剪辑素材进行复制粘贴操作，如图10-80所示。

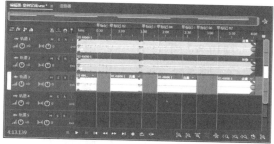

图 10-79

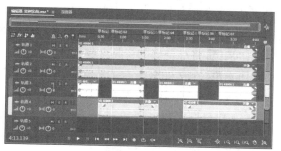

图 10-80

步骤 09 设置"轨道1"和"轨道2"静音，按空格键试听歌曲效果，如图10-81所示。

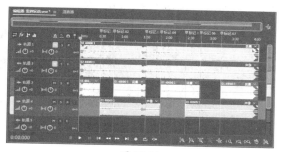

图 10-81

步骤 **10** 放大轨道波形和时间码，选择第一个合唱位置的剪辑素材，调整其淡入淡出效果，如图10-82所示。

步骤 **11** 再调整降低该剪辑的音量包络，用于模拟伴唱，如图10-83所示。

图 10-82

图 10-83

步骤 **12** 继续调整后面两个剪辑素材的淡入效果，如图10-84所示。

步骤 **13** 选择所有剪辑素材，执行"多轨"|"将会话混音为新文件"|"所选剪辑"命令，即可创建一个完整的混音文件，如图10-85所示。

图 10-84

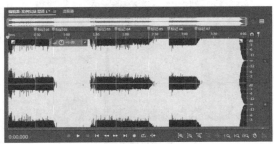

图 10-85

动手练 制作机场广播效果

本案例将利用"回声"效果器将普通录制制作成机场广播效果。具体操作步骤介绍如下。

步骤 **01** 将准备好的音频文件导入"文件"面板，如图10-86所示。

步骤 **02** 在文件名上右击，在弹出的快捷菜单中执行"插入到多轨混音中"|"新建多轨会话"命令，如图10-87所示。

图 10-86

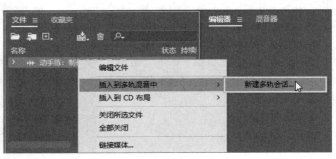

图 10-87

步骤 03 系统会弹出"新建多轨会话"对话框，在这里设置会话名称，指定文件位置，并设置其他参数，如图10-88所示。

步骤 04 单击"确定"按钮即可创建多轨会话，并且自动将音频文件放置到"轨道1"，如图10-89所示。

图 10-88

图 10-89

步骤 05 选择"轨道1"素材，在"效果组"面板中选择"剪辑效果"，再添加"回声"效果。打开"组合效果-回声"对话框，如图10-90所示。

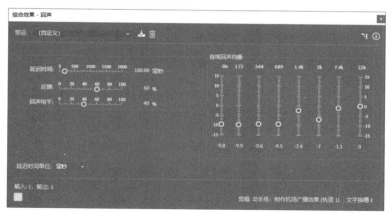

图 10-90

步骤 06 先关闭效果开关，试听原始音频效果。再打开效果开关，试听添加了回声后的广播效果。

新手答疑

1. Q：当出现无法启动 Audition 软件时，该怎么办？

A： 确保系统满足最低要求。尝试重启计算机，关闭背景程序，以及更新或重新安装Audition。

2. Q：当出现录音设备无法识别时，该怎么办？

A： 检查并确保您的录音设备已正确连接。在Audition的音频硬件设置中选择正确的输入设备，并确保驱动程序是最新的。

3. Q：播放或录音时有杂音或噪声，该如何处理？

A： 确认音频硬件设置正确，如缓冲大小和采样率。使用内置的降噪或修复效果工具，如"降噪"或"点击/爆裂声修复"。

4. Q：无法导入某些音频文件，怎么办？

A： 检查文件格式是否被Audition支持，如果不支持，可尝试转换为支持的格式，例如.wav或.mp3。确认文件没有损坏或受保护。

5. Q：多轨混音时出现同步问题，怎么办？

A： 确认所有音轨的采样率和位深度一致。使用Audition的时间拉伸功能调整音轨同步。

6. Q：音频剪辑时出现点击声或不自然的过渡，怎么办？

A： 使用交叉淡入淡出或平滑编辑边缘。确保编辑点不在波形的峰值处。

7. Q：音频效果应用后不符合预期，怎么办？

A： 确保效果设置正确，理解每个效果参数的作用。使用预设作为起点，逐步调整至满意结果。

8. Q：音频导出质量下降，怎么办？

A： 检查导出设置，如位深度和采样率，避免不必要的重采样。使用无损格式导出，如WAV或AIFF。

9. Q：软件崩溃或响应缓慢，怎么办？

A： 确保计算机内存和处理器符合要求，清理缓存文件。在Audition的首选项中调整内存使用设置，关闭不必要的波形显示。

10. Q：Audition 与其他 Adobe 软件无法集成，怎么办？

A： 确保所有Adobe软件都更新到最新版本。使用Dynamic Link功能来确保流畅的集成。